区块链

QU KUAI LIAN

ZAI ZHI HUI CHENG SHI ZHONG DE YING YONG

在智慧城市中的应用

魏　真

赵　珂　张　伟

著

上海科学技术出版社

内 容 提 要

本书从智慧城市和区块链的概念界定、现状与背景、核心技术与特点、应用、目标与思路五个方面论述了区块链在智慧城市中的应用研究,根据专业知识进行逻辑扩展和延伸,并用案例搜索与筛选进行内容的丰富,其中运用框架图的方式进行思维逻辑的视觉化描述,能帮助读者更加轻松地阅读专业知识。

本书可供各类城市管理与建设部门人员、行业相关人员,以及规划设计单位、建设单位和行业公司参考,也可供相关专业学生学习参考。

图书在版编目(CIP)数据

区块链在智慧城市中的应用 / 魏真,赵珂,张伟著
. -- 上海 : 上海科学技术出版社,2022.9
 ISBN 978-7-5478-5782-3

Ⅰ. ①区… Ⅱ. ①魏… ②赵… ③张… Ⅲ. ①区块链技术-应用-智慧城市-研究 Ⅳ. ①TU984

中国版本图书馆CIP数据核字(2022)第141993号

区块链在智慧城市中的应用

魏 真 赵 珂 张 伟 著

上海世纪出版(集团)有限公司
上海科学技术出版社 出版、发行
(上海市闵行区号景路 159 弄 A 座 9F-10F)
邮政编码 201101   www.sstp.cn
上海光扬印务有限公司 印刷
开本 787×1092 1/16 印张 10.5
字数:200 千字
2022 年 9 月第 1 版 2022 年 9 月第 1 次印刷
ISBN 978 - 7 - 5478 - 5782 - 3/TU·324
定价:78.00 元

前　言

随着城市人口不断膨胀,资源短缺、环境污染、交通拥堵、安全隐患等问题日益突出。为了破解"大城市病"困局,智慧城市应运而生。智慧城市综合采用了人工智能等一系列新的信息技术,使得城市被准确地感知、资源被充分地整合,实现了城市的精细化和智能化管理,以及城市资源的科学高效利用,从而达到减少资源消耗、降低环境污染、减少交通拥堵、消除安全隐患、实现城市可持续发展的目标。

国家层面针对智慧城市发展进行战略布局,确定了智慧城市的发展目标、愿景和路径,出台了一系列政策助力智慧城市的发展。2021年《中华人民共和国国民经济和社会发展第十四个五年规划和2035年远景目标纲要》中提出,加快数字社会建设步伐,适应数字技术全面融入社会交往和日常生活新趋势,以数字化助推城乡发展和治理模式创新,分级分类推进新型智慧城市建设,推进市政公用设施、建筑等物联网应用和智能化改造,推进智慧社区建设。

根据有关数据统计,中国智慧城市试点建设发展迅速,截至2020年4月初,住建部公布的智慧城市试点数量已经达到290个。根据科技部、工信部、国家测绘地理信息局、发改委所确定的智慧城市相关试点数量,目前我国智慧城市试点数量累计已达749个。我国新型智慧城市在蓬勃发展的同时,也逐步暴露出诸多问题,例如信息数据采集不足、数据交流不畅、孤岛现象普遍,智慧城市建设系统性差且缺乏整体规划,信息安全缺失、网络风险有待提高等问题。

智慧城市应结合城市的规划因地制宜开展智慧城市建设,还应加强数据安全保障,降低网络风险。本书包含但不限于区块链的概念与应用实践、智慧城市的概念与实现路径,在集合区块链技术与智慧城市两大概念的基础上,重点讲述了在未来智慧城市的布局中区块链应如何发挥自身优势进一步推动智慧城市的有效发展,以及智慧城市的构建过程中少了区块链技术会遇到哪些问题,而这些问题目前是不能够被其他新兴技术所解决的。本书中,区块链的四大核心优势——"去中心化、公开透明、高安全性与不可篡改"特性,解决了城市在智慧生态建设、智慧民生建设、智慧产业发展及治智慧理建设过程中所面临的缺乏整体系统规划、信息交流不畅(信息孤岛)、信息安全缺失等一系列问题。

　　从未来发展看,物联网将成为智慧城市的"基本神经单元",实现信息感知数据采集。海量感知设备接入系统使得身份认证和信息传输安全成为智慧城市安全隐患。我国在智慧城市建设时没有制定统一的规划管理标准,缺少基础技术的支持,信息共享、数据获取以及更新机制等都无法得到有效改善和解决,缺少科学有效的智慧城市建设总体构架以及适用于不同类型城市所使用运行模式。因此,本书立志于将区块链技术应用于智慧城市之中,打造出人、环境与城市三位一体,便利、高效、环保、智能、宜居的新型高科技高性能智慧城市,同时借鉴区块链技术在金融管理领域的一些应用与经验,利用去中心化、公开透明、高安全性与不可篡改的四大优势,融合人工智能等技术,共同引入智慧城市建设与规划中。

　　打造新型智慧城市的第一步就是建立起一个基于 5G 物联网技术、移动边缘计算与云计算技术、大数据技术、人工智能技术、AR/VR 技术、数字孪生技术等高精尖技术的新型智慧城市平台。而将区块链技术应用于这个平台,能够使平台在高端安全可追溯的情况之下实现数据关联,并将数据转变为可用的信息,然后通过高度共享以及智能分析将这些信息再转变为通俗易学的知识,将这些知识与高端信息技术相互融合,实现机器智能化、实现城市的全域感知、智能触达、数字运营以及智能决策,实现新型智慧城市的高度智能化。

　　本书结合区块链技术与智慧城市两大概念,在区块链技术与城市建设发展过程中创建了新的视角,讲述了区块链技术是如何完善新型智慧城市建设的,以及新型智慧城市建设是如何推动人工智能和区块链技术发展的。本书中新兴信息技术的合并、理论与实践相结合的手法可以让读者以一个全新的科学视角来理解智慧城市建设过程中所需要的科学力量,使更多的专业人士和读者了解智慧城市和人工智能区块链技术相结合的创新思路。

　　特别感激同济大学汪镭教授的倾力帮助,从框架逻辑到内容完善,再到最后的内容校对,汪教授都给了作者以极大的帮助。

Contents

目　　录

第 1 章

智慧城市和区块链的发展背景与基本状况

　　区块链是智慧城市的技术基础，智慧城市是区块链的应用场景。2008 年美国次贷危机暴露了现有中心控制下金融体制的缺陷，体制改革的需要催生了区块链技术的诞生。区块链技术诞生后不仅改变了金融体制，也给社会其他变革提供了技术支持。智慧城市作为信息技术的深度拓展和集成应用，是新一代信息技术孕育突破的重要方向之一。智慧城市充分应用了区块链技术，并且在应用过程中促进了区块链技术的进一步完善。

　　本章主要介绍区块链技术诞生的背景、技术特点以及目前发展应用的情况；智慧城市建设的必要性、可行性以及目前在我国建设的状况；区块链技术在国内外智慧城市建设中的应用情况。同时，本章运用众多实践案例讲解了区块链技术如何同大数据、人工智能以及物联网等技术融合发展。

1.1 智慧城市发展背景

1.1.1 智慧城市定义

科学技术的发展推动了社会由信息化到数字化再到智能化的发展历程。

信息化是指培养、发展以计算机为主的智能化工具为代表的新生产力,并使之造福于社会的历史过程。与智能化工具相适应的生产力,称为信息化生产力。信息化以现代通信、网络、数据库等技术为基础,对所研究对象各要素汇总至数据库,供特定人群生活、工作、学习、辅助决策等和人类息息相关的各种行为相结合的一种技术,使用该技术后,可以极大提高各种行为的效率。信息技术给智慧城市建设提供了技术支持,智慧城市建设也推动了信息技术的发展。

随着技术发展,数字化替代了信息化。信息化时代,因为技术手段有限,对于一个客户、一件商品、一条业务规则、一段业务处理流程方法,只能以数据的形式人为录入下来,大量依靠关系数据库如表(实体)、字段(属性)等把各类信息变成了结构性文字描述。随着人工智能、大数据、云计算一系列新兴技术逐渐向产业和行业应用后,这些技术可以把现实缤纷世界在计算机世界全息重建。现实世界什么样,人们就有能力把它在计算机的世界里存储成什么样,这就是数字化。越来越多的企业将"数字"视为核心资产、新资源和新财富。究其根源,数字化转型是产业转型升级,抢占新的竞争制高点的有效助力。这背后的驱动力,一方面是技术,即新一代 IT 技术的发展;另一方面则是产业驱动,即全球性产能过剩。供给侧结构性改革的目的,其实就是为了优化产能、提升价值。但当企业真正去践行供给侧结构性改革时会发现困难重重,消费者的需求多样而且多变。数字化转型正因此应运而生,发展数字经济也因此被我国政府确认为一种重要的经济形态和创新增长的新动能,也是推动供给侧结构性改革的重要支撑。

智能化是指由现代通信与信息技术、计算机网络技术、专业技术、智能控制技术综合融通针对某一个方面的应用。从感觉到记忆再到思维这一过程称为"智慧",智慧的结果产生了行为和语言,将行为和语言的表达过程称为"能力",两者合称"智能"。智能一般具有这样一些特点:一是具有感知能力,即具有能够感知外部世界、获取外部信息的能力,这是产生智能活动的前提条件和必要条件;二是具有记忆和思维能力,即能够存储感知到的外部信息及由思维产生的知识,同时能够利用已有的知识对信息进行分析、计算、比较、判断、联想、决策;三是具有学习能力和自适应能力,即通过与环境的相互作用,不断学习积累知识,使自己能够适应环境变化;四是具有行为决策能力,即对外界的刺激作出反应,形成决策并传达相应的信息。具有上述特点的系统则为智能系统或智能化系统。

　　智慧城市是一种新理念和新模式，基于信息通信技术，全面感知、分析、整合和处理城市生态系统中的各类信息，实现各系统间的互联互通，以及对城市运营管理中的各类需求做出智能化响应和决策支持，优化城市资源调度，提升城市运行效率，提高市民生活质量。

　　智慧城市的出现是新一代信息技术快速发展及城市信息化直接推动的结果。随着物联网、云计算等下一代信息技术的快速发展，以物联网为支撑的智慧城市建设是促进社会发展及解决"大城市病"的现实需求，现在城市的可持续发展已面临巨大挑战。同时，信息资源日益成为重要的生产要素，信息世界与物理世界的融合是时代的需要，以新一代信息技术为支撑、以信息资源利用为核心、以知识经济为特征的智慧城市已成为未来城市发展演进的必然趋势。图 1-1 所示为智慧城市的主要特征，图 1-2 所示为智慧城市的主要内容和逻辑。

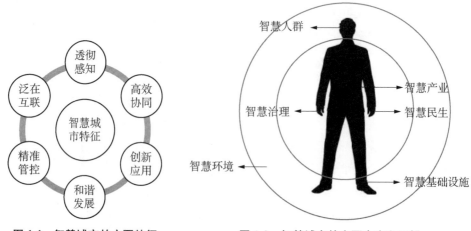

图 1-1　智慧城市的主要特征　　　　　图 1-2　智慧城市的主要内容和逻辑

1.1.2　国内智慧城市发展背景

1）智慧城市建设的必要性

中国智慧城市的发展既是现实的需要，也是技术发展的结果。

　　从 21 世纪初到第四次工业革命，人工智能、清洁能源、智慧交通、量子信息等技术的发展促进了现实和虚拟领域的协作互动，数据已经成了生产要素，人类正在进入以信息为基础的时代，最主要的资源由物质与服务演进为全社会可共享的数据信息。

　　新中国成立以来，中国实行控制大城市规模、合理发展中小城市和小城镇的城镇化规模政策。2001 年 3 月九届全国人大四次会议通过的"十五"计划纲要，提出"走符合我国国情、大中小城市和小城镇协调发展的多样化城镇化道路"，这种"大中小城市和小城镇协调发展"的基本方针，体现在随后的各种政策文件之中，并一直延续至今。然而，从城镇化规模政策的实施效果来看,由于多方面因素的综合作用,导致中国城镇规模结构严重失调,出现了明显的两极化倾向。一方面,大城市数量和人口比重不断增加,一些特大城市规模急剧膨胀,逼近或超过区域资源环境承载能力,大城市病问题凸显;另一方面,中小城市数量和人口比重减少,中西部一些小城市和小城镇甚至出现相对萎缩迹象,城镇体系中缺乏中小城市的有力支撑。

中国城镇化进程中的两极化倾向,既加剧了城市规模结构的不合理,制约了空间资源的有效均衡配置,又阻碍了城镇化的进程,不利于形成科学合理的城镇化格局。因此,构建科学合理的城镇化规模格局,必须尽快解决这些深层次的矛盾。如何有效利用区域自然资源、科学进行产业布局、高效管理公共设施,既能促进人口在城市间的合理流动,也可以在同等人口数量提高人们生产生活的感受则变得至关重要。

2）智慧城市建设的技术可行性

随着中国经济的高速增长,作为智慧化前奏的信息化也有了长足的发展和进步,不但缩小了与发达国家的距离,而且为我国推行智慧化城市建设奠定了基础。目前我国信息化已走过两个阶段正向第三阶段迈进。第三阶段定位为新兴社会生产力,主要以物联网和云计算为代表,这两项技术掀起了计算机、通信、信息内容的监测与控制的 4C 革命,网络功能开始为社会各行业和社会生活提供全面应用。

智慧城市是指在充分整合、挖掘、利用信息技术与信息资源的基础上,汇聚人类的智慧,赋予物以智能,从而实现对城市各领域的精确化管理,实现对城市资源的集约化利用。一方面,智慧城市的建设将极大地带动包括物联网、云计算、三网融合、下一代互联网以及新一代信息技术在内的战略性新兴产业的发展;另一方面,智慧城市的建设对医疗、交通、物流、金融、通信、教育、能源、环保等领域的发展也具有明显的带动作用,对中国扩大内需、调整结构、转变经济发展方式的促进作用同样显而易见。

因此,建设智慧城市不仅是解决我国城市发展困扰的必由之路,也对我国综合竞争力的全面提高具有重要的战略意义。

3）智慧城市建设的政策支持

政策扶持对于智慧城市建设推进的意义重大,中国城市化中政府主导的因素大于市场演变的因素,政策在城市规划中起到决定性作用。2012 年开始,国家及地方"十三五"发展规划陆续出台,许多城市把建设智慧城市作为未来发展重点,相关情况见表 1-1。

表 1-1　国家智慧城市相关政策梳理

政策颁发时间	相关政策	主要内容
2012 年	《关于国家智慧城市试点暂行管理办法》	拉开了我国智慧城市建设的序幕
2016 年	《"十三五"国家信息化规划》	"十三五"国家规划体系的重要组成部分,是指导"十三五"期间各地区、各部门信息化工作的行动指南

（续表）

政策颁发时间	相关政策	主要内容
2016 年	《国家信息化发展战略纲要》	规划到 2018 年建设 100 座新型示范性智慧城市；到 2020 年新型智慧城市建设取得显著成效，形成无处不在的为民服务，透明高效的在线政府，融合创新的信息经济，精准细致的城市治理，安全可靠的运行体系
2017 年	《推进智慧交通发展行动计划（2017—2020 年）》	选择客运枢纽、港口、重点物流园区实施智能化管理，推进许可证件数字化，实现跨区、跨部门信息共享
2018 年	《北斗卫星导航系统交通运输行业应用专项规划（公开版）的通知》	从基础设施建设，完善应用环境，拓展应用领域，推进军民融合，推广示范工程等方面指导发展
	《智慧城市顶层设计指南》	给出智慧城市顶层设计总体原则、设计过程及实施路径规划的建议
	《国家健康医疗大数据标准、安全和服务管理办法（试行）》	加强医疗大数据标准、安全、便民管理，推进医疗大数据产业健康发展
	《智慧城市信息技术运营指南》（GB/T 36621—2018）	为智慧城市信息化建设提供理论基础和技术支撑，对系统建设进行总体指导，推动实现数据标准化，提升智慧城市建设的水平和质量
2019 年	《信息安全技术智慧城市安全体系框架》（GB/T 37971—2019）《信息安全技术智慧城市建设信息安全保障指南》（GB/Z 38649—2020）	本标准以信息通信技术为视角，针对智慧城市保护对象和安全目标，从安全角色和安全要素的视角提出了体现智慧城市特点
	《智慧城市时空大数据平台建设技术大纲（2019 版）》	在数字城市地理空间框架的基础上，依托城市云支撑环境，实现向智慧城市时空大数据平台提升，开发智慧应用系统为生产商时空大数据平台全面应用积累经验。并鼓励大数据平台在国土空间规划、自然资源开发利用、大型基础设施建设和管理、生态文明建设和公共管理等方面的智能化应用
2020 年	《中华人民共和国国民经济和社会发展第十四个五年规划纲要》	把智慧城市建设作为未来城市发展的重心，同时政策文件分别从总体架构到具体应用等角度分别对智慧城市建设提出了鼓励措施，一系列政策的颁布实施为我国智慧城市建设方向与目标
2021 年	《"十四五"软件和信息技术服务业发展规划》	持续征集并推广智慧城市典型解决方案，支持城市大脑、精准惠民、智慧政务、城市体检等城市级创新应用，培育软件与智慧社会融合发展的新模式
2021 年	《"十四五"数字经济发展规划》	推动数字城乡融合发展，统筹推动新型智慧城市和数字乡村建设，协同优化城乡公共服务。深化新型智慧城市建设，推动城市数据整合共享和业务协同，提升城市综合管理服务能力，完善城市信息模型平台和运行管理服务平台

1.1.3　国内智慧城市行业投融资情况

1）行业资金渠道

智慧城市建设工作已列入国家和地方的经济和社会发展"十三五"规划或相关专项规划；已完成智慧城市发展规划纲要编制；已有明确的智慧城市建设资金筹措方案和保障渠道；明确责任主体的主要负责人负责创建国家智慧城市试点申报和组织管理。智慧城市建设主要由政府主导，政府渠道和资金较为关键，如图1-3所示。

2）智慧城市建设投资现状

我国智慧城市建设迄今已经历探索阶段、推进阶段和建设阶段。有关部门统计，早在2019年上半年，中国100%以上的副省级以上城市、95%的地级及以上城市、70%的县级及以上城市都提出了建设智慧城市的方

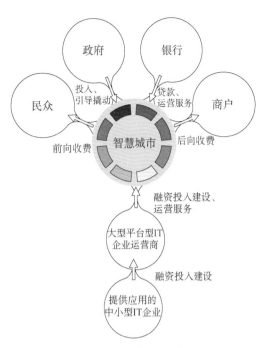

图 1-3　智慧城市投融资渠道

案。同时，我国已经组织开展了智慧城市顶层设计指南、技术参考模型、公共信息平台、数据融合等37项国家标准的研制工作，已经累计发布实施了20项国家标准。

据前瞻产业研究院统计，2014年中国智慧城市市场规模仅仅为0.76万亿元，2016年突破1万亿元，2017则达到了6万亿元。而2018年中国智慧城市市场规模则接近8万亿元，2019年中国智慧城市市场规模则接近11万亿元。

3）智慧城市投融资平台建设举措

① 启用多元化的融资手段。探索与扩大地方政府投融资平台的投融资途径是解决投融资问题的当务之急。平台公司融资渠道具体包括：银行贷款、发行债券和信托产品、上市募集、转让经营权、资产证券化、股权质押、股权投资基金、BT、BOT等多种融资方式。

② 建立偿债准备金制度。偿债准备金制度在清偿地方政府投融资平台的债务与保障债权人利益方面的作用不可或缺。地方政府投融资平台在法律上的定位应是独立的公司法人，具备独立的行为能力和责任能力，可以对公司产生的一切债务承担独立责任。

③ 防控市场化运作风险。投融资平台公司市场化运作的风险主要是融资风险和经营风险。投融资平台专注于专业化的国有资产经营管理，通过引入公司化的运作模式，坚持市场化导向，有利于投融资平台建立"产权清晰、权责明确、政企分开、管理科学"的现代企业制度，完善其法人治理结构。

④ 发挥地方政府指导作用。在设立投融资平台的运作过程中，地方政府所扮演的角色应为引导者和管理者，对投融资的宏观方向、投融资项目的范围予以规定。

在智慧城市创建投融资平台过程中更加需要政府职能的进一步转变，在税收体制、融

资结构、公司模式及治理结构、立法、司法、项目定位进行深入考虑,以此来保障智慧城市发展过程中各建设项目资金的良性投入与产出,最终促进智慧城市的全面发展。

1.2 智慧城市建设基本状况

1.2.1 国外智慧城市建设基本状况

1) 国外智慧城市建设基本状况

国外很多国家将建设智慧城市上升到国家战略的高度,纷纷出台一系列相关鼓励政策,明确智慧城市建设过程中的方向、目标以及重点建设内容,以此来推动本国智慧城市建设。美国率先提出国家信息基础设施和全球信息基础设施计划。韩国从 1992 年开始,开展了第二次国家骨干网的建设,实现了行政电子化网络管理的目标。日本政府于 2009 年 7 月制定了《i-Japan2015 战略》,在 2015 年实现以人为本,“安心且充满活力的数字化社会”。

在市政管理方面,各国致力于用精准、可视、可靠、智能的城市管理推进城市管理和运行的智慧化。通过应用区块链等新一代信息技术,使市政设施具备感知、计算、存储和执行能力。美国科罗拉多州的博尔德市于 2008 年 8 月启动了智能电网城市工程,成为美国第一座开展智能电网的城市。

国外在推进“智慧城市”建设过程中,逐渐改变以技术为中心的思想,确立了以人为本理念,建立无所不在的社会服务环境。在建设时,重点建设一批重点示范项目,通过各类信息化手段改造提升政府社会公共管理职能,大幅提升城市管理和服务职能水平,促进城市和谐与可持续发展。无论政府还是企业,均在为切实改进人们生活方式而努力。如美国第一个智慧城市——迪比克市,也是世界第一个智慧城市,它的特点是重视智能化建设。为了保持迪比克市宜居的优势并且在商业上有更大发展,市政府与 IBM 合作,计划利用物联网技术将城市的所有资源数字化并连接起来,含水、电、油、气、交通、公共服务等,进而通过监测、分析和整合各种数据智能化地响应市民的需求,并降低城市的能耗和成本。该市率先完成了水电资源的数据建设,给全市住户和商铺安装数控水电计量器,不仅记录资源使用量,还利用低流量传感器技术预防资源泄漏。仪器记录的数据会及时反映在综合监测平台上,以便进行分析、整合和公开展示。

2) 国外智慧城市建设经验分析

在智慧城市建设中,各国目标均非常清晰,力争推动本国的技术进步、产业发展,以增强国际竞争力。新加坡“智慧国 2015”计划的预计成果包括凭借信息与通信技术增强经济竞争力和创新力及促进产业增长提高产业竞争力。

试点的选择与建设谨慎而务实,实验范围小而精。美国选择迪比克市作为试验城市,是因其人口规模适中;欧盟以实验性地发展智能电网、智能城市交通以及相关的智能医疗系统作为突破口;新加坡优先推进在世界范围内占优势的新一代信息通信基础设施以及电子政府建设。

充分发挥技术作用,积极应用科技手段推进城市可持续发展。迪比克、斯德哥尔摩、鹿特丹等智慧城市试点项目的方案中,使用了各种类型的传感器、射频识别技术,并与互联网、计算机等一同组成了智慧体系。注重建立规则和培养秩序,在带动市场发育的同时也发挥了指导和协调作用。

1.2.2 国内智慧城市建设基本状况

1) 总体情况

智慧城市的建设必须坚持以人为本、务实推进。智慧城市的发展要以"人"为核心,并围绕这个核心构建智慧城市生态。我国智慧城市生态参与者主要包括管理者、应用开发商、系统集成商、服务运营商、第三方机构,如图 1-4 所示。

图 1-4 智慧城市生态图

从技术层面来看,新型智慧城市主要围绕以大数据和区块链技术为核心建设的。通过组合"一中心、四平台、多应用、统一链"的方式构成多维度的智慧城市解决方案,如图 1-5 所示。所谓"一中心"是基于城市的各维度大数据中心。"四平台"即智慧政务综合信息服务平台、智慧城管综合信息服务平台、智慧民生综合信息服务平台和智慧经济综合信息服务平台。"多应用"包含了各类的智慧应用。"统一链"则是基于区块链的可信智慧城市信息生态。

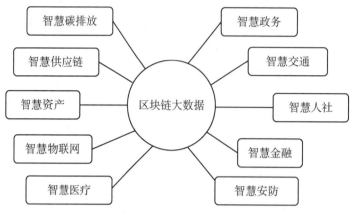

图 1-5　智慧城市解决方案构成图

智慧城市总体解决方案四个维度分别为感知层、网络层、平台层和应用层，如图 1-6 所示。

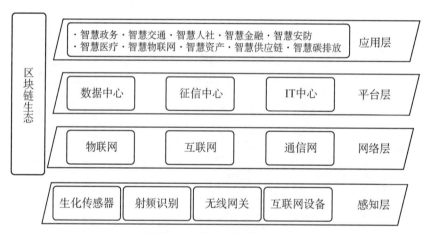

图 1-6　智慧城市解决方案

感知层：包含各种传感器、射频识别电子标签、各类职称网络的硬件网关设备和互联网设备，这些感知层硬件主要来支撑我们各种网络。

网络层：从感知层的各种硬件设备上构建支撑通信和数据的载体网络，一般包含三类即物联网、互联网和通信网。

平台层：通过在载体网络上构件的各种信息平台，这些信息平台为后续构建各类应用提供基本信息服务，常见的如数据中心平台、征信中心平台、IT 中心平台等。

应用层：在智慧城市构件的过程中涉及的方方面面专项服务，如智慧政务、智慧交通、智慧人社、智慧金融、智慧安防、智慧医疗、智慧物联网、智慧资产、智慧供应链以及智慧碳排放等。

以上这四层构成了我们组成"一中心、四平台、多应用、统一链"的核心组成部分。从应用层面来看,它是基于云计算、海量存储、数据挖掘等服务支撑的各种智慧应用和应用整合,应用层的建设可以促进各行业和领域的智慧化和创新发展。

智慧城市建设和发展要继续不断完善城市智慧服务。首先,升级电子政务服务,推进电子政务系统向云计算模式迁移,建设全城统一的行政审批服务云平台。建设覆盖城乡公共服务领域信息服务体系,实现水、气、热等智能化服务,方便市民查询、缴费。完善市民一卡通服务功能,让市民、法人享受便捷公共服务。智慧民生是智慧城市建设中需要重点解决的事情,它直接影响到智慧城市建设的效果。智慧民生主要是加大投入力度,不断提高政府服务能力及社会公益服务水平,为公众在衣食住行方面提供便捷、良好的服务,建设内容主要包括智慧社会保障、智慧医疗卫生、智慧教育、智慧安居、智慧社区服务与其他公益服务等。

2)三大应用领域

在政策支持及基础设施完备的基础上,智慧城市的应用场景日益丰富,例如智慧安防、智慧交通、智慧社区、智慧商业、智慧旅游、智慧环保、智慧能源等。亿欧智库研究发现智慧安防、智慧交通、智慧社区是目前智慧城市落地最快、技术与服务相对成熟的三大领域。

(1)智慧安防。

2015年AI技术逐渐引入安防行业,智慧安防一词开始进入大众视野。智慧安防突破传统安防的界限,进一步与IT、电信、建筑、环保、物业等多领域进行融合,围绕安全主题扩大产业内涵,呈现出优势互补、协同发展的"大安防"产业布局,如图1-7所示。

图1-7 智慧城市安防产业布局

（2）智慧交通。

智慧交通作为一种新的服务体系，是在交通领域充分运用物联网、空间感知、云计算、移动互联网等新一代信息技术，对交通管理、交通运输、公众出行等交通领域全方面以及交通建设管理全过程进行管控支撑，使交通系统在区域、城市甚至更大的空间范围具备感知、互联、分析、预测、控制等能力，以充分保障交通安全、发挥交通基础设施效能、提升交通系统运行效率和管理水平，为通畅的公众出行和可持续的经济发展服务，如图1-8 所示。

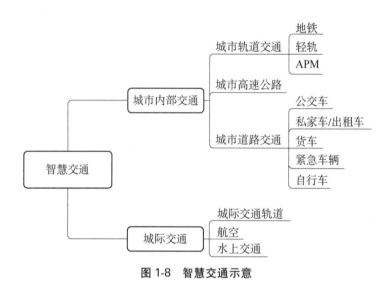

图 1-8　智慧交通示意

（3）智慧社区。

智慧社区是社区管理的一种新模式和新形态，以社区居民为服务核心，利用物联网、云计算、移动互联网等新一代信息通信技术的集成应用为居民提供安全、高效、舒适、便捷的居住环境。

智慧社区涵盖社区内部和社区周边的各项服务，社区内主要包括智慧家庭、智慧物业、智慧照明、智慧安防、智慧停车等基础设施服务，社区周边主要包含智慧养老、智慧医疗、智慧教育、智慧零售、智慧金融、智慧家政、智慧能源等民生服务，如图1-9 所示。

3）发展水平

从世界范围来看，无论是国际还是国内的智慧城市都还处于碎片化阶段，这是智慧城市发展的必然阶段。基于互联网和大数据以及人工智能产生的智慧应用，中国是应用最为广泛的国家。许多智慧应用的模式，由于利益结构固化和价值观等原因，在发达国家很难进行推广，而在中国不存在既得利益群体，所以新技术、新体制建设推广阻力较小。

很多发达国家在推行城市感应系统时遭遇市民阻力多，而在中国这个重视群体价值一定程度上大于个人价值的文明体系，对于这种智慧系统的应用以及在城市的推广没有太大障碍。

图 1-9 智慧社区内容

无现金支付在中国的推广也是因为金融系统的国有化,没有形成在城市内部严重固化的利益集团。而且,无现金支付在中国的推广和应用中几乎没有遇到太强烈的制度阻碍,显然这也是发达国家无法参照和借鉴的。

网约车和共享单车的发展虽然有利益团体冲突,但网约车一定程度缓解了城市交通压力,让居民打车更方便,目前网约车已经越过了最困难的瓶颈期,进入良性发展阶段。这样的例子在中国不胜枚举,所以说中国的智慧城市在世界上已经处于相对领先的水平。例如杭州城市大脑 V1.0 平台试点投入使用,城市大脑的视觉处理能力,可以识别交通图像视频,一旦出现交通事故,城市大脑中枢便能找出最优的疏导路线,同时为救援车辆一路打开绿灯,为抢救生命赢得时间。在与交通数据相连的 128 个信号灯路口,试点区域通行时间减少 15.3%。在主城区,城市大脑日均事件报警 500 次以上,准确率达 92%,大大提高执法指向性。

智慧城市建设也面临着如何提升经济效益、保障信息安全、实现跨区跨级的信息共享的三大挑战。展望未来,注重以人为本的智慧社会将成为我国智慧城市建设和发展的未来愿景。同时,随着企业所提供的技术越来越成熟,政府推动和建立统一的数据中心,并制定相关数据开放的法律体系,实现数据的跨部门共享,各领域的数据孤立将被打破,逐渐走向融合。

智慧城市建设具有覆盖范围广、涉及领域多、项目规模大、资金投入高等特点,需要多方参与才能完成。因此,需要共建立体化的"系统集成/运营/服务＋开放式物联网平台＋大数据云平台＋政企合作平台"产业生态圈。

1.3 区块链技术发展基本状况

1.3.1 国外区块链技术发展基本状况

1）欧洲

欧洲在区块链技术的布局较早，对区块链领域总体上保持着一种既积极又宽松的监管态度，不紧不慢地推进着其发展。目前欧洲各大高校、科研机构及企业都积极参与区块链领域相关技术的研究和发展，其项目共有五百多个，占全球区块链项目的四分之一，且欧洲在区块链领域更加侧重于底层技术的研究发展及落地应用。

欧洲拥有全球较活跃的区块链社区，跻身全球 GitHub 区块链城市排名的前十。来自的德国和英国的区块链开发商则是在 GitHub 上最活跃的公司之一。

Cardano 是一个区块链操作平台，有以太坊的联合创始人 Charles Hoskinson 担纲，属于第三代区块链。它建立在对科学哲学和同行评审这些学术研究之上，采用了 Ouroboros 共识机制，并且支持智能合约功能。

Aeternity 是由以太坊交付 Yanislav Georgiev Malahov 所创办的一个著名的区块链操作平台。这个操作平台的优点在于无与伦比的操作效率、全透明的管理模式和全球可扩展性。采用工作量证明（proof of work，PoW）和权益证明（proof of stake，PoS）混合的共识机制，并且支持智能合约功能。

Polkadot 是一种异构的多联技术，充分利用了区块链技术确保了个人数据的安全，并提供一种专用于区块链间的协议，可以确保不同区块链间的任何交易都能在绝对安全的情况下严格执行。

2）以色列

以色列在区块链技术方面发展极其迅猛，德勤会计师事务所曾认为以色列非常有可能成为区块链技术应用于发展的全球性研发中心。以色列在区块链技术的多个领域都所有涉猎，例如安全、硬件、虚拟货币、社交平台等。为推进区块链的发展及研究，以色列以特拉维夫大学等顶尖学府牵头设立区块链应用研究学科，充分调动各方资源以加速对区块链技术的研究。

以色列在 2015 年成立了 OSA，这是世界上首个分散式、去中心化的零售市场。利用人工智能及区块链技术有效解决了以上两大难题，并为制造商、消费者、零售商提供了有效的解决方案和大数据实时分析服务等。

以色列创业投资基金如 JVP、Alignment 等对区块链项目都有布局。投资银行 Benson Oak 筹集 1 亿美元，成立一个专注于区块链创业公司的投资基金，专门投资以色列市场。以色列知名金融科技孵化器 The Floor，背后就是中资背景、总部位于英属维京群岛的风险基金熊猫集团，他们积极孵化和布局以色列区块链早期项目。

以色列很早就支持比特币的使用,同时在政府、国防、金融、社会等多领域,推进区块链技术应用。CoaliChain 公司开发了一个互动政务平台,帮助政府制定更加开放的政策,消除选民和竞选者之间的沟通鸿沟,并利用智能合约技术,追踪竞选者所做出的竞选承诺,比如预算提案和其他政策,利用区块链相关技术,帮助政府最大限度地遏制腐败、洗钱和逃税等金融风险。

3)日本

日本政府及社会对区块链以及数字货币的发展态度积极。日本与区块链的渊源较为深厚,比特币的缔造者 Satoshi Nakamoto 有一个日文名字中本聪,在美国《新闻周刊》中曾称中本聪是一个日籍美国人。日本素来都被称作资源贫乏的国家,正是由于日本资源匮乏,导致了日本民众极度缺乏安全感,需要不断去获取生存资源,而以区块链技术为基础的比特币作为一种互联网时代的价值储藏手段,或许会被日本当作一种战略资源。同时日本作为一个富裕发达的国家,投资群体庞大,有良好的区块链发展基础。

SBI Holdings 是日本互联网金融的巨头,投资了多家区块链相关公司,其中包含了多个区块链领域。SBI 与 Ripple 有深度合作,共同创建了 Ripple Asia。Ripple 是全球区块链支付网络的缔造者,目前已经纳入一百多家金融机构。在日本 SBI Ripple Asia 已经为四十多家银行建立了区块链结算网络。

GMO 是日本互联网巨头公司,它在区块链领域投入 100 亿日元建立起了一个运营挖矿数据中心,并研发了挖矿专用的芯片,能够在通能性能的情况下降低 56% 的电量损耗,大大提升了挖矿机器的续航能力,提升了挖矿效率。

日本区块链协会是为使区块链技术更安全地发展并带动日本经济发展所建立的一个组织,其业务包括日本国内虚拟货币产业的振兴和问题解决方案的制定、推动区块链的应用、相关政策的提议。日本区块链协会成员中有 bitFlyer(交易所)、Coincheck(交易所)、bitExpress(交易所)、GMO coin(交易所)等 15 家虚拟货币公司,以及 30 多家区块链相关公司,并有 80 多家相关企业和政府机构的赞助和支持。

4)美国

美国是数字经济的领头羊,引领全球对数字经济有了全新的认识。2018 年 7 月 Bakkt 公司成立,建立了合法的数字货币交易所、数字货币公共基金。Bakkt 和大型金融公司的合作得到政府支持,在监管环境下,基金、金融公司及个人都可合法地进入代币市场,大型基金、退休基金、银行和证券商也都可以合法投资 Bakkt 上的金融产品。

美国允许科技公司发行稳定币。所谓稳定币实际上等同于美国的数字法币或数字美元。IBM 联合恒星 Stellar 发行数字美元,是第一次数字货币或数字稳定币有政府的担保,也正因此,它成了数字货币市场的硬货币,可以给金融机构提供服务,如银行可购买大量数字美元。这表明美国政府开始接受数字经济和代币市场,并将数字美元作为新经济的承载货币。这是人类历史上第一个由公司发行但是由政府担保的数字货币(稳定币),是一个里程碑事件。

2019 年 2 月,摩根大通银行宣称要发行稳定币,这是世界第一个由银行发行的数字稳定币,该稳定币主要用作跨境支付,在摩根大通银行内部应用,170 家国家银行愿意合作。

摩根大通银行早就有跨境支付系统，并且是实时系统，在功能上不需要一个新实时跨境支付系统。

在美国，区块链的一个重要应用是供应链管理。在军用系统上，如军用飞机，其零部件的质量对整个飞机的质量至关重要，因此美国国防部积极推动部署区块链成为国防部 IT 系统的基础设施，成为美国国防部数字工程的一部分。在医疗系统内，美国通过《药品供应链安全法》以应对假药威胁。美国 FDA 积极推动区块链供应链，制定区块链上的数据标准，开展数据结构的定义，推动整个产业的发展。

1.3.2 国内区块链技术发展基本状况

1）国内区块链基本状况

近十年来，区块链技术不断升级，其演进发展历程可分为三个阶段，这三个阶段并非依次实现，而是共同发展、相互促进的过程，如图 1-10 所示。

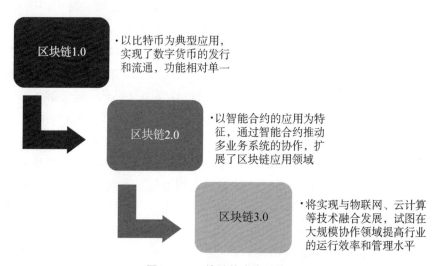

图 1-10 区块链技术发展阶段

区块链有三种不同的应用模式，优势各有不同，可供不同场景选择使用，见表 1-2。其中，公有链是指任何人都可以随时参与到系统中读取数据、发起交易的区块链，典型代表应用为比特币；联盟链是指若干个机构共同参与管理的区块链；私有链则是所有参与结点严格控制在特定机构的区块链。

表 1-2 区块链应用模式

模式	特征	优势	承载能力	适用业务
公有链	去中心化 任何人都可参与	匿名 交易数据默认公开 访问门槛低 社区激励机制	10—20 笔/秒	面向互联网公众，信任基础薄弱且单位时间交易量不大

（续表）

模式	特征	优势	承载能力	适用业务
联盟链	去中心化 联盟机构间参与	性能较高 节点准入控制 易落地	大于 1000 笔/秒	有限特定合作伙伴间信任提升,可以支持较高的处理效率
私有链	去中心化 公司/机构内部使用	性能较高 节点可信 易落地	大于 1000 笔/秒	特定机构的内部数据管理与审计、内部多部门之间的数据共享,改善可审计性

　　公有链、联盟链、私有链与普通分布式技术在环境信任程度、篡改难度、业务处理效率方面的不同表现如图 1-11 所示。目前看联盟链模式是金融领域应用的主要方向,后续对于中介成本过高、运行效率低下或无中介机构提供服务的业务场景,都可以考虑运用区块链技术提供解决方案。

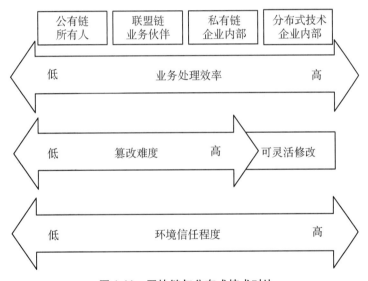

图 1-11　区块链与分布式技术对比

　　2）国内区块链技术发展问题

　　我国区块链技术不断渗透到包括金融、医疗、政务、商务、公益等各行各业中,已经展现出良好的发展态势。随着区块链应用与产业落地的推广,区块链技术也遇到诸多挑战,关键挑战主要来自系统安全、数据隐私、监管、扩展性、跨链协议、链下信息及存储等方面。这些挑战有科学与技术方面的,也有政策与法律方面的。在区块链的重重挑战中,最为关键的与区块链的"自治"与"可信"特性相关。

　　（1）"自治"。

　　①"去中心化"与传统监管模式的本质矛盾。

对数字货币的监管和数字货币应用本身就是一对矛盾的存在,传统的监管模式是集中化的、反匿名的,这与区块链技术"去中心化"的本质特点相悖;更深层次的悖论则在于数字货币背后的科学技术与监管体系之间的价值追求并不相同,前者奉行"去监管"哲学,崇尚自由开源,而后者则强调风险防控与化解,追求效率、安全与公平的动态平衡。

② "去中心化"与"再中心化"的循环悖论。

"去中心化"是区块链区别于其他传统系统的主要特质,从某种意义上来说,其所有的革新意义也都源自此,"去信任化""自治性"不过是"去中心化"在技术规则赋权下的意义延伸。然而,世间没有绝对真理,区块链的"去中心化"也没有那么绝对。虽然在技术和理论上的确可以实现绝对的"去中心化",但现实中资源和信息的流动会促使新的中心形成,从而对"去中心化"的意义和功能造成消减。

③ "智能合约"与现行法律制度的对接难题。

区块链应用除了面对监管系统缺位、监管规则空白挑战外,还需要克服与现有法律系统的对接和协调问题,才能获得正式的合法性地位,这主要体现在智能合约的应用方面。目前,关于智能合约的论述大多集中于强调其如何实现可编程金融以及如何取代中介机构等方面,而忽略了智能合约与现有法律系统尤其与合同法的协调和兼容。

④ "共识机制"下的技术与现实差距。

"共识机制"是区块链技术的重要组件,处于区块链技术架构的较底层。区块链系统中的各节点能够在没有第三方信用机构存在的情况下对某一行为记录认可,原因即在于各节点自发地遵守一套事前设定好的规则,该规则可以直接判断行为记录的真实性并将判断结果为真的记录记入区块链之中,这种判断规则就是"共识机制",它是区块链应用得以实现的技术保障。区块链在应用于社会治理时,有激进观点认为传统的集权政治和等级制度都将被新的治理模式和认知方式取代,信息技术作为一种新"权力"将会"解放"传统"权力"。这一主张明显带有技术乌托邦色彩,忽略了技术功能与实际现实之间存在的明显差距。

(2)"自信"。

要想真正实现区块链的"可信",就必须做到整个网络的共识,而要在全网范围内达成共识势必影响到交易吞吐量。因此,它是区块链面临的一个重大挑战:可扩展性问题。在区块链领域,一直都存在着一个所谓的"不可能三角",即在一个区块链系统中,可扩展性、无中心和安全性三者最多只能取其二。要想在一个区块链系统中完全获得这三种属性几乎是不可能的,而这三种属性又恰恰是一个理想的区块链系统所应具备的。因此,任何一个区块链系统的架构策略都会包含这三者的权衡。在确保可信的前提下,克服可扩展性问题的挑战对于区块链技术研究而言,还有一段较长的路要走。

比特币被广泛地应用在"暗网"中,被作为洗钱和非法交易的途径,也被作为资助恐怖分子和反叛者的工具。基于区块链的首次代币发行(ICO)被人恶意利用,成为金融欺诈的一个手段。从这个视角而言,在保持区块链"自治"优势的前提下,融入现实世界的监管体系中是区块链取得广泛应用的必经之路。

1.4 区块链在智慧城市建设中的发展状况

1.4.1　区块链的发展背景

2008 年,由美国次贷危机所引发的金融危机席卷全球,暴露了当时金融体系在全球化背景下的严重失衡问题,同年 11 月 1 日,以中本聪为名的一篇文章提出了比特币的概念及模式,描述了一种新的货币体系,2009 年中本聪为该模式建立了一个开放源代码项目,正式宣告了比特币的诞生。自比特币面世并稳定运行了 7 年之久之后,其优秀的理念和去中心化,基于密码学的加密体系以及基于时间序列的链式叠加模式逐渐被抽离出来从而产生了一种新型的互联网底层架构——区块链。作为一种面向未来的新型互联网架构,区块链与TCP/IP 架构不同,其用看似简单的理念重新构筑了互联网底层,使全球信息的价值传递成为可能。

到目前为止,区块链的影响范畴已经不仅仅是针对金融系统的革新,其对互联网的重构以及对整个产业结构的重塑已经彻底改变了人们对未来世界发展的认知。而随着Hyperledger、以太坊等区块链技术联盟的崛起,业界的目光已经逐渐从传统的币圈转向链圈,事实上,虽然目前的技术依然在发展当中,依然面临着跨链、性能等诸多问题,但是困扰区块链发展的最主要原因并不是技术实现问题,而是落地应用的问题,在典型的价值链接的社会模型当中如何在约束范围内实现创造价值的落地应用依然是一个广泛的难题,也是众多 POC 项目试图解决的最主要问题。

根据中国信通院《区块链白皮书(2019)》中的定义,区块链是一种由多方共同维护,使用密码学保证传输和访问安全,能够实现数据一致存储、难以篡改、防止抵赖的记账技术。在中国人民银行《金融分布式账本技术安全规范》中定义:分布式账本技术是密码算法、共识机制、点对点通信协议、分布式存储等多种核心技术体系高度融合形成的一种分布式基础架构与计算范式。

区块链作为分布式数据存储、点对点传输、共识机制、加密算法等技术的集成应用,被认为是继大型机、个人电脑、互联网之后计算模式的颠覆式创新,很可能在全球范围引起一场新的技术革新和产业变革。

1.4.2　区块链的核心技术与主要特点

1)区块链的核心技术

(1)比特币。

区块链是比特币的底层技术,比特币是区块链技术首个,也是目前最成功的应用。从本质上说,区块链属于信息技术领域,是一种可以共享的数据库,比特币处在互联网金融领域,是一种 P2P 形式的虚拟加密数字货币。

比特币白皮书中提出了一种去中心化的分布式电子记账系统。人们平常使用的支付宝、微信、信用卡等，每进行一笔交易，不管进出，都是由国家银行进行记账，而国家信用是银行的可靠保障，所以人们十分放心。去中心化的电子记账系统代表了每个人的账本都是公开的，与此同时也确定了其不可篡改之特性。交易双方在互联网上直接进行交易，不经过第三方信用机构，解决了高昂手续费用、复杂流程、信息泄露等问题，交易无任何风险。

在比特币交易系统需要解决几个重要的问题：

① 记账激励问题。记账激励包含两个部分：一是转账发起者支付的手续费，当有转账行为发生时，视情况而需要一定数量手续费；二是打包奖励，它是根据比特币的基本算法，每 10 分钟比特币会产生 1 个区块，通过打包每个区块的方式，可以获得 N 个比特币的报酬，这个区块包含了最近 10 分钟所有的比特币交易信息。

② 交易信息安全问题。交易信息安全涉及防伪问题、双重支付问题和防篡改问题。

（2）共识机制。

共识机制是针对不同的个体之间的信任关系提出，是通过特定节点投票在短期内完成验证和认可交易的方式。当意见不一致且无中心控制时，几个节点联合参与了决策，达成一致意见。

区块链技术主要利用的是一组基于用户共识的新型算法，在两个机器间直接建立一个"信任网络"，从而通过一种技术上的背书方式进行全新的信用体系创造。目前比较流行的权利共识证明算法主要有：平均工作量权利证明、权利收益证明、股票发行授权权利证明、混合性权利证明处理机制等。

（3）智能合约。

智能合约是一个计算机协议，旨在通过信息化的方式传播、验证和执行合同。智能合约允许无第三方进行可信的交易，这些交易是可追踪的、不可逆转的。

如果把区块链技术称为合同数据库，那么智能合约就能够将各种区块链应用技术有效融入实际生活场景中。它本身是一个基于区块链小型数据库的小型计算机应用程序，可以自行在其他的源代码库中写入一定条件后开始执行，满足它的所有源代码。智能合约一旦成功起草，就可以为所有用户共同提供一种信任背书，合约条款也不能任意改变。

智能合约的三个技术特征是：数据透明、不可篡改、永久操作。区块链中所有数据均为公开透明，不可篡改，因此智能合约的数据处理亦为公开透明、不可篡改，运行时任意一方均可查看代码及数据，也不需要担心其他节点的恶意篡改代码及数据。支持区块链网络的节点通常达到几百甚至数千个，部分节点失效不会导致智能合同停止，其可靠性在理论上接近永久运作，可以保证智能合同的效用与纸质合约是一样的。

（4）密码技术。

在区块链技术中，用到了大量的密码学知识来保证系统的安全性。与区块链相关的算法主要有哈希算法和加密解密算法。

① 哈希算法。

以哈希函数为基础构造的哈希算法常用于实现数据完整性和实体认证,同时也构成多种密码体制和协议的安全保障,见表 1-3。

表 1-3　哈希函数评价标准、常见算法及具体应用

评价标准	常见算法	具体应用
正向快速 逆向困难 输入敏感 冲突避免	MD 系列 SHA 系列 其他	RIPEMD160 SHA256

目前常见的哈希算法包括 MD 和 SHA 系列算法,具体见表 1-4。

表 1-4　常见的哈希算法

MD 系列	SHA 系列	其他
MD4 MD5	SHA－1 SHA－2(SHA－224/SHA－225 等) SHA－3	SM3

② 加密解密算法。

加密解密算法类型及相关特征见表 1-5。

表 1-5　加密解密算法类型及相关特征

算法类型	主要特征	优点	缺点	具体算法
对称加密	加密、解密使用同一密钥	加密复杂度高,效率快	密钥需提前共享,容易泄露	DES、3DES、AES、IDEA
非对称加密	加密、解密使用不同密钥	安全度高,无需提前共享密钥	计算效率低,易受攻击	RSA、EIGamal、椭圆曲线系列算法

现代加解密系统的典型组件一般包括:加解密算法、加密密钥、解密密钥。在加解密系统中,加解密算法本身是固定的,并且通常公开可见;密钥是信息的最关键部分,需要安全保存,甚至可以通过一些特殊的硬件保护。

(5)应用安全分析。

网络安全领域最热门的话题之一就是区块链应用安全。

一方面,区块链的出现促进了信息互联网向价值互联网的转化,加快了可编程货币、可编程金融和可编程社会的产生。区块链对金融、物联网、征信等领域势必会产生革命性的影响,在提高生产效率、降低生产成本以及保护数据安全等方面,区块链将发挥重要的作用。另一方面,区块链对数据安全、网络安全将产生积极的影响同时,区块链本身也面临着

严重的安全问题,尤其是近年来,频繁发生数字资产的丢失、被盗事件。

区块链安全一般可以定义为保护区块链系统不因偶然或恶意的原因而受到破坏、更改或者泄露。违背区块链安全的行为可以归结为五个层面:算法安全层面、协议安全层面、数据安全层面、使用安全层面和系统安全层面。

① 算法安全。算法安全通常是指密码算法安全,密码算法涉及交易层、共识层和应用层。在交易层主要表现为数据、地址等的展现形式,如用于检验交易的哈希算法、签名算法,以及用于某些智能合约中的复杂密码算法;在共识层,如 PoS 中代表权益的签名算法;在应用层表现为口令的加密存储等。

② 协议安全。区块链无论使用何种共识机制,都面临着一定程度的协议攻击问题。当区块链的底层协议需要更新时,会出现某些节点无法获取新版本或无法及时获取新版本的问题,导致不同节点运行的协议版本不一致,进而带来硬分叉与软分叉的问题。分叉可能会影响整个区块链系统的一致性,违背区块链的防篡改性。

③ 数据安全。目前,区块链上的交易数据是公开和透明的,可以在区块链中传输。比特币以分割交易地址与持有者的真实身份之间的关系为基础,对交易双方的身份信息实行了某种隐私保护。然而,随着匿名身份鉴别技术和大数据技术的发展,通过对账户进行数据整合分析,仍然能发现账户与交易之间的联系,造成用户隐私泄露。此外,在公共链中,所有的交易资料都是公开的,如果不法分子获得了私人资料,就可能发生欺诈。

④ 使用安全。区块链系统中的任何信息本身是完全不可能被修改的,这可能是基于私钥安全而被假设的。目前被广泛接受采用的私钥词典存储管理方法主要是由每个使用区块链系统的在线用户在首次获得私钥后将其数据保存在每个用户的离线设备中,但不能有效抵抗网络攻击者对其所有设备使用的各种离线私钥词典进行攻击,因此很多区块链系统面临着私钥会被窃取的危险,一旦私钥发生丢失就可能无法进行找回,用户也因此不能进行对账号以及资产信息进行任何加密操作,导致个人财产被盗窃而造成严重损失。

⑤ 系统安全。区块链技术中使用了各种密码学技术,在实现过程中出现错误是难以避免的。2016 年 10 月,国家互联网应急中心发布《开源软件源代码安全漏洞分析报告——区块链专题》中指出,主流区块链开源软件检测出很多高危漏洞,可能会导致系统运行异常、崩溃,也可能实现越权访问、窃取隐私信息等。同时,智能合约语言自身与合约设计都可能存在漏洞,如关于以太坊,目前已知存在交易顺序依赖、时间戳依赖、可重入攻击等漏洞,在调用合约时漏洞可能被利用,而智能合约部署后难以更新的特性也让漏洞的影响更持久。

2)区块链的主要特点

区块链技术利用加密链式数据块来验证与存储数据,利用分布式节点共识算法来生成和更新数据,利用智能合约来编程并操作数据。由于不依赖于第三方信用机构,区块链可实现无信任关系节点之间的价值通信,它的主要特征是去中心化、防篡改、透明性、隐私性、自治性以及自主性,区块链与传统数据技术对比见表 1-6。

表 1-6　区块链与传统数据技术对比

对比项目	区块链	传统数据技术
中心化程度	去中心化	中心化
安全性	防篡改	篡改可控
透明性	高度透明	一般
隐私性	高	一般
自治、自主性	自主性高	一般

1.4.3　区块链与大数据、物联网、人工智能等技术的融合发展

数字经济在数字新技术系统中发展和成熟,数字新技术包括:物联网、云计算、大数据、人工智能、区块链五大类。根据数字化生产要求,物联网的技术为数字传输,云计算的技术是数字设备,大数据的技术是数字资源,人工智能的技术是数字智慧,区块链的技术是数字信息,五大数字技术为一个整体,相互融合成指数级的增长才能促进新经济在数字中的高质量发展,如图 1-12、图 1-13 所示。

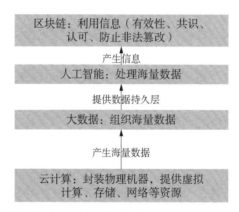

图 1-12　区块链与大数据、物联网、人工智能等技术的纵向关系梳理

类似于"互联网+","区块链+"也有神奇的力量,当区块链技术遭遇来自大数据、物联网和其他人工智能的多重挑战时,新一轮技术发展势不可挡。

1)区块链与物联网

万物互联时代,数以百亿的物联网终端设备如何管理、如何实现物物交易、如何保障信息安全,都是物联网发展亟须解决的问题。区块链技术的兴起为物联网设备的交易、安全、管理等环节提供了新的解决方案,区块链+物联网是偶然也是必然。

物联网(the internet of things,IoT)是基于网络、传统电信等的信息承载者,它使所有可以独立寻找信息的普通对象成为互联互通网络的基础。它可实现物与物、物与人的泛在连接,实现了对物体和过程的智能感知、识别和管理等。物联网基本的特征可以概括成:整

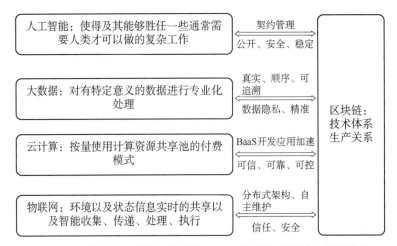

图1-13　区块链与大数据、物联网、人工智能等技术的横向关系梳理

体感觉,可靠的传输以及智能处理。实现世界各地互联的关键技术有射频识别、传感网络、M2M系统框架、云计算等。

区块链与物联网融合,需要解决四大难题。

① 中心控制的高成本。在目前物联网的一般架构中存在僵化现象,即所有数据汇入单个中心控制系统,导致中央服务器对能耗、企业成本开支等方面带来巨大压力。此外,随着智能终端的低成本普及,未来设备数量将呈几何级增长,这一压力也相应会变得更难承受。

② 隐私保护难度随着规模扩大而变大。中心化管理体系存在着不能自证的问题,也就是无论你是否窃取与参与者的隐私,都容易受到怀疑,没有理智的方法可以证明中心机构的清白,完全依靠彼此自觉和信任。何况在目前国内社会普遍批评隐私保护的环境下,网络上频繁发生摄像头直播事件、信息贩卖事件等。

③ 个体在入网后更易受到攻击。如果没有设备参与到物联网,设备本身可能应该是具有较高安全等级的,但设备进入整个网络后,其本身即成为网络攻击中的炮灰。美国一家公司创建的私家僵尸物联网曾经成功感染过全球超过两百万台包括像摄像头这样的IoT设备。

④ 多主体的高协同成本。物联网项目参与方通常并不完全由项目发起人自己掌握(例如普通的小型私人企业用户和大型企业个人用户),使参与合作者更好地提高参与度会导致极其复杂的合作方式和成本,在用户隐私信息泄露和移动设备安全受到黑客攻击的双重影响下,这种新的合作方式成本更高。

区块链完美解决物联网发展中遇到的问题。首先,区块链去中心化的架构直接颠覆了物联网旧有的中心化架构,这一改变不仅大大减轻了中心计算的压力,而且释放了物联网组织结构的更多可能性,为创新提供了更多空间。其次,记录的准确性和不可篡改性也让隐私安全变得有据可循,而且在安全方面更易于防御和处理。

另一方面,物联网将成区块链落地的重要平台。作为新兴技术领域,区块链从技术理念到落地迫切需要有恰当的落地场景,物联网就成了区块链恰当的场景。在多数商业领域都呈现中心化特征的情况下,相较那些为了区块链而区块链,强行把不必要去中心化的领域也端上区块链,物联网终端设备的分散化无疑为去中心化提供了最好的施展场所。此外,物联网所采用的 P2P、NAS、CDN 等分布式互联网技术也与区块链在技术层面天然亲和,这在互联网中也是一种特殊的存在。综合以上几点,物联网的天然离散化特性、分布式网络将为区块链的发展开辟新的天地。

2)区块链与云计算

云计算是一种提供计算能力、数据库存储、应用程序和按需支付的网络访问模式,其可配置的计算资源共享池中可使用的资源众多,并且管理方便、操作简单。云计算具有高可靠性、虚拟化、高伸缩弹性、费用低等特质。从本质上来说,它是各种远程计算资源和服务的集合,它可以表示为分层的体系结构。

云计算有三种常见的部署模型:公有云、私有云和混合云。用户可以根据处理数据的类型以及对安全性和数据管理的需求选择使用不同的部署模型,如图 1-14 所示。

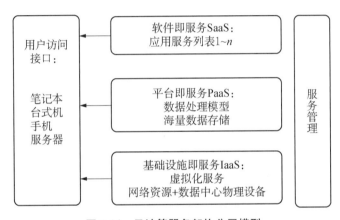

图 1-14 云计算服务架构分层模型

区块链系统是基于分布型货币账本的一个数据库,具有完全信任保证制度,而其在云计算中则是按照其使用者数量进行支付的一种计算模式。从技术定义上说,两者似乎没有直接的相互联系,但由于区块链其实是一种具有用户需求的信息资源,它不仅具有按用户要求及时供应的基本特点,也是现代云计算的一个组成部分,两者之间的各种技术应用可以互相交叉融合。

目前,区块链还存在较多技术、资金等问题,如果区块链与云计算的技术相结合,一方面企业可以使用云计算的基础设施,通过低成本、快速方便地在不同领域开发区块链;另一方面,云计算能够利用区块链去中心化、数据无法篡改等特性,解决制约云计算发展的问题。

从安全性的角度分析来看,云计算的主要发展目标仍然是在于确保所有应用在实际运行过程中的数据安全性。区块链安全技术保证了每个超大数据交易区块的不被恶意篡改,并安全记录了所有人在交易中的纪录,保证了交易数据的安全传输和数据访问安全。因此,区块链的安全应用存储技术性与云计算所在应用中的安全性性能相结合,可设计开发出最安全的应用存储技术产品。

从动态存储技术角度分析来看,区块链的动态存储方式并非单纯存储数据,而是相互连接的动态数据块,这种动态存储并非不会随意自动改变一个数据块的动态存储。云计算可能需要使用基于区块链各种类型的数据存储,将数据信息保存在整个区块链中,以便确保各种类的数据信息不会随意遭到篡改或者被伪造。

3)区块链与大数据

大数据是一个大数据集,具有庞大的数据类别和多种数据类型,这样的数据集就不能用传统的数据库工具来抓取、管理和处理它们的内容。在推动大数据技术应用的商业场景日益增加的同时,其自身存在的诸多问题和一些弊端逐渐显现出来。具体表现在下列三个主要方面。

① 由于数据数量的增长和处理速度提高,传统数据加密和安全检查机制难以应对。

② 数据中的价值不断变化上升,数据交换、交易活动行为和其他相关信息市场也应运而生,如何有效保证这些交易行为的安全,进而有效保护国家、组织和企业个人的信息合法权益,也是当前安全挑战的重点之一。

③ 目前,数据在多个群体如数据产品、数据提供商、数据管理人员、数据消费者中不断转换,数据的所有人权益和权利受到了很大的损害。

区块链作为一种分布数据储存技术,与大数据技术相结合,可以解决在大数据中存在的一些问题。

首先,区块链的可信度、安全度和不篡改性使得它可以获取更多的数据。用一个典型案例来说明,即区块链是如何推进基因测序大数据产生的。区块链测序可以利用私钥限制访问权限,从而规避法律对个人获取基因数据的限制问题,并且利用分布式计算资源,低成本完成测序服务。区块链的安全性让测序成为工业化的解决方案,实现了全球规模的测序,从而推进数据的海量增长。

其次,政府拥有大量的高密度数据,如医学数据、人口资料等。政府的数据开放是一个大趋势,它将对经济社会发展产生无可估计的推动。然而,数据开放的主要困难和挑战在于如何保护个人隐私。基于区块链的数据脱敏技术可以保证数据的私密性,并为隐私保护下数据的开放提供解决办法。数据脱敏技术以哈希算法等加密算法为主,例如英格码系统,基于区块链技术,在不访问原来数据的情况下操作数据,可以保护数据私密性,杜绝信息安全在数据共享过程中的问题。例如,公司的员工可以放心开放地访问他们的工资信息,并共同计算群中的平均薪水。

再次,区块链网络技术通过各个网络节点的共同参与,互相证实网络信息的准确性以至于达到全网共识,可以说它是一项特殊的网络数据库管理技术,被称为网络区块链。到目前为止,我们国家的大数据仍然还处于一个非常初级的发展阶段,以一个全网络的共识体系为主要基础的完全可信的区块链大数据是非常不容易被篡改的,也直接使得我国数据库的质量拥有了前所未有的社会信任作为背书,同时也直接使得我国数据库行业发展进入一个新的发展阶段。

最后，对于一些具有应用价值的企业个人或金融机构的大数据金融资产，可以直接使用数字区块链技术进行资产登记，交易过程记录为在网络上，它是公认的、透明的、可远程追踪的。这一做法明确了解大数据金融资产的价值来源、所有权、用权和资产流通权等途径，对于大数据金融资产的市场交易来说这也是很大的应用价值。

4）区块链与机器学习

区块链与人工智能被认为是改变整个互联网底层发展逻辑的两大技术力量，也代表了两种技术趋势。虽然这两种技术在其自身权利上各自具有突破性进展，但当它们结合在一起时，则有极大可能变得更具革命性。这两种技术都有助于提高对方的能力，同时也为更好地监督和问责提供了机会，见表 1-7。

表 1-7　区块链技术与人工智能技术的各自特点与融合优势

评价	区块链	人工智能	人工智能＋区块链
数据	1. 一定程度可信； 2. 保证隐私	1. 需要高质量大数据； 2. 需要不同数据主体	区块链为人工智能提供数据来源和保障数据安全
信任	1. 智能合约有待提升； 2. 智能合约缺乏灵活性	算法复杂度高，先进性好	人工智能赋能智能合约
算力	1. 去中心化分布式结构； 2. 防篡改	1. 中心化算力成本高； 2. 代码漏洞容易造成很大危害	区块链分布式结构融合全网算力加速人工智能发展

人工智能是研究、开发用于模拟、延伸和扩展人的智能的理论、方法、技术及应用系统的一门新的技术科学。人工智能技术目前面临几个问题：

① 数据问题。训练人工智能需要大量有效数据，但是拥有数据的企业、单位将数据视为核心价值，数据的共享程度低，导致人工智能的发展受到数据制约。

② 信任问题。对于人工智能的监管在过国内仍旧处于空白阶段，在很多情况下研究者无法跟踪、理解和解释人工智能所做的决定。

③ 算力问题。人工智能发展与算力的提升紧密相连，算力被称为支撑人工智能走向应用的"发动机"。现阶段比较大的人工智能计算平台，算法的模型已经达到千亿参数、万亿的训练数据集规模。频繁的数据搬运、大量的数据规模导致的算力瓶颈，已经成为对更为先进算法探索的限制因素。而算力瓶颈对更先进、复杂度更高的人工智能模型的研究将产生更大影响。

从技术本质上来看，区块链技术本质上是通过共识算法来生成、存储数据，通过智能合约操作数据，以及通过密码学技术保证数据的安全。区块链技术具有去中心化、数据不可篡改等特点；人工智能技术则包含数据、算法、计算能力三个关键点。实际上，从这两类技术本身特点来看，区块链和人工智能在数据、算法和算力这三个方面可以相互赋能并融合发展。

在数据层面,区块链技术在一定程度上能够保证可信数据,以及实现在保护数据隐私情况下的数据共享,为人工智能建模和应用提供高质量的数据,从而提高模型的精度。一方面,区块链的智能合约本质上是一段实现了某种算法的代码,人工智能技术植入其中可以使得区块链智能合约更加智能;另一方面,区块链可以保证人工智能引擎的模型和结果不被篡改,降低模型遭到人为攻击风险。

在计算能力层面,区块链是分布式网络,能够实现算力的去中心化。区块链有助于构建去中心化的人工智能算力设施基础平台,转变传统的不断提高设备的性能以提高算力的思路。在具体的实施过程中,区块链技术可以实现在分布在全世界各地的去中心化海量节点之上运行人工智能神经网络模型,利用全球节点的闲置计算资源进行计算,实现去中心化的智能计算。此外,通过区块链智能合约可以根据用户产品计算量对网络计算节点进行动态调整,从而提供弹性的计算能力满足需求。

第 2 章

区块链在智慧城市生态建设中的应用

智慧生态城市是按照生态学原理进行城市规划设计建立起来的高效、和谐、健康、可持续发展的人类宜居环境,也是把区块链、云计算、大数据、社交网络等新一代信息技术充分运用在城市的各行各业之中,创建高级信息化形态的宜居城市。

从本章开始,本书将会探索区块链在智慧城市生态建设、民生建设、产业发展以及治理建设中的应用。

本章介绍了区块链在智慧城市生态建设中的应用,主要内容包括智慧能源、智慧水务、园林景观与智慧城市、智能大气监测,以及相关实践案例。

2.1　区块链在智慧城市生态建设中的分类与现状

随着我国经济几十年的高速发展,在人们物资、文化生活极大丰富的同时,人们生活环境的恶化日益突出,空气污染、水源污染、食品医药安全、交通安全等社会问题给社会发展带来巨大挑战。

2.1.1　智慧能源

能源消耗是最大的空气污染来源,控制好能源质量和能源消耗量就能控制污染排放。所以建设智慧能源系统对能源买卖、消耗方式、尾气处理、碳排放交易等环节进行监控。智慧能源主要针对如何利用先进的技术构建新的能源开发利用模式,实现能源的可持续利用。

智慧能源以互联网 + 的能源服务为主要管理方式,建立客户侧智慧能源的互联网,以源—网—荷实时数据为纽带,对电、气、热多种用户需求,构建多元化的交互平台。运用物联网、大数据等新型技术,促进能源流与用户的深度融合,通过能源网的智能运营和监控管理系统包括自动化的调度,从而满足要求。

充电网、车联网、能源网和物联网等为新能源产业提供了全流程服务,以实现新能源行业的持续、健康、稳定的发展。充电网就是针对新能源电动汽车的充电需求,借助互联网技术,融合线上的充电和线下的充电桩的工具,构建线上线下的充电服务,同时以客户为中心打造充电桩 + 的业务模式。车联网是为了满足用户用车的需求,打造智慧出行,实现车与车、人与车、车与传感设备等交互及互联网实现信息共享。结合充电桩和相关出行为客户提供优惠便捷的出行解决方案。物联网是结合充电网、车联网,以及能源网的需求,通过物联网技术构建智能识别、定位、跟踪、监控和管理的一体化网络,主要是按照感知、传输、服务的构架,通过相应的技术,达到相应的要求,将数据上传到云端进行智能处理,为用户提供更好的服务。通过"四个网"达到"四个智慧",按照用户需求的导向,集成和整合以新能源为核心的产业链。

1)能源区块链实验室

我国的能源区块链实验室是全球第一家致力于在能源产业价值链全环节实现区块链技术应用的研发型企业,也是全球顶尖区块链开发组织 Hyperledger Project 唯一的能源行业成员。该实验室以实现能源革命为使命,拥有比较完备的区块链技术开发团队和金融产品设计团队。

能源区块链实验室通过能源市场与金融市场应用场景的深度融合,打造了一款低成本、高可靠的服务于绿色资产数字化的区块链平台,产品以基于区块链的互联网服务(blockchain as a service,BaaS)作为表现形式,提供基于区块链的便利化绿色资产的数字化登记和管理功能,服务的绿色资产包括各类碳排放权和自愿减排额度、绿色电力证书和积分、用能权、节能积分、能源设备共享经济积分、绿色债券、绿色信贷、绿色资产支持证券等。服务的市场包括电动汽车、可再生能源、虚拟电厂、工商业节能/储能、绿色金融等领域。平台将绿色资产开发各环节的参与方(包括登记机构、交易机构、中介机构、征信机构、评级机构、监管机构、原始权益人、第三方管理机构等)纳入基于区块链的分布式账本,实现基于区块链的信息和数据传递以及评审和开发过程中的多方协作和监管,通过过程重塑,打造各类绿色资产的数字化登记和管理平台。

实验室研发的区块链平台将大幅压缩各类绿色资产在开发、注册、管理、交易和清结算流程中的信任成本和时间成本,进而压缩各类绿色能源资产的融资成本和使用成本,尤其有利于各类小规模分布式能源资产,加速电动汽车、分布式可再生能源、储能等绿色能源生产和消费模式的平价上网和平价利用。

能源区块链实验室绿色资产数字化区块链平台的第一项应用是中国碳市场应用,进行数字化的资产是国家核证自愿减排量(CCER),能源区块链实验室的区块链工具可以缩短50%的CCER碳资产开发时间周期。

能源区块链实验室的完整系统将由两部分组成,即物联网系统和区块链系统。物联网系统主要包括部署在用户侧的各类智能计量系统和模块(智能电表、智能水表、智能气表等);区块链系统是指部署在相关参与方的多节点结构的许可型区块链系统,节点可以根据行业要求和节点属性布置在能源资产本地、第三方验证机构、质量认证机构、公用事业公司、能源或者金融交易所、能源监管机构等。通过部署在用户侧的智能计量系统实时采集发用电设备的生产和消费数据,通过物联网系统将数据推送到由监管机构、认证机构作为验证节点组成的许可型区块链系统,实现对于原始发用电数据的共识验证和信任背书,以及不可篡改性加密。此外,平台还利用大数据分析工具,对"脱敏"后的区块链内数据进行数据挖掘,分析并标记出具有异常的数据,可以有针对性地判别出数据申报造假企业。

未来区块链与能源互联网的结合基于五个方面:基于区块链的数据可信,公私钥结合的访问权限保护隐私,实现保护隐私、可信计量;区块链防篡改,实现主体间强制信任并实现强制信任下的泛在交互;"区块链 + 大数据 + 人工智能"构成可信任预言机签署外部数据,实现虚实交互的自律控制;基于区块链部署的设备间点对点交互式决策,不需要将信任托付于中心化平台代为决策,实现设备民主、分布决策;各主体间基于明确的互动规则进行随机博弈,系统呈现中性演化,通过改良互动规则实现竞争进化,最终实现广域博弈,协调演化。

2) 大数据安全可信共享

"智能电网是国家工业经济发展的基石;大数据是数字经济时代最重要的生产资料,区块链是价值互联网的重要载体。"电力大数据安全可信共享。数据共享普遍存在共享难、变现难、保护难、合作难等难点。由于缺少成熟的隐私保护和数据安全管理机制,数据价值得不到有效挖掘,这影响了信息的互联互通,也制约着生产效率的有效提升。

应用区块链可追溯不可篡改的技术特性,将数据资源目录和数据服务哈希上链,实现数据源确权溯源与服务数据的隐私保护。将需求数据抽取和数据计算结果的哈希上链,实现数据的可信计算服务,支撑多方交互的电力大数据安全可信共享。

3)区块链在能源领域的应用场景

本节基于《区块链在能源互联网应用的前景展望》一文中的部分观点进行简要说明。概括来说,区块链在能源领域的应用主要有三个方面:电力、生态系统和能源智能化调控。

（1）电力。

区块链的重要特征之一就是数据的不可篡改性,而区块链在电力领域的应用就和区块链的这一特点密不可分。区块链技术的使用使每一度电的"前世今生"都会被记录在区块链网络上:某度电于某年某月产生于某核电站,经过某条线路输送到了某户里,某人在使用了几个小时后这度电消耗掉了。

未来,区块链＋电力可能会有以下几种发展方向:

① 让每一度电都有迹可循,从根源上杜绝偷电漏电现象的发生。当一切行为都被记录在一个不可修改的账本中时,无中生有或是突然消失都会作为异常情况被处理。

② 与邻居交易剩余的电。现在的电力系统其实已经有一点智能化的影子了,购电和断电都可以经由一个智能化的电表来完成。去中心化的区块链技术的使用甚至可以让你和隔壁的邻居交易剩余的电。未来我们可以针对每一度电建立一个数字映射关系,比如你在家里装了个太阳能发电器,每天能产生 1 度电,但你每天只能使用 0.5 度电,剩余的 0.5 度电就会归集到总网络中,隔壁的邻居想要用电的时候就可以直接选择与你交易。区块链让分布式的能源共享成为可能。

（2）生态系统。

区块链、物联网、大数据三者的结合可以打造出一个能源生态体系中的乌托邦。假设未来的某天我们应用这三种技术建立起了一个能源生态系统,然后把设备供应商、专业运维服务商、使用设备的业主以及负责金钱流通和报价汇总的金融系统打包扔进这个系统做测试。接入这个系统的每一方都能得到一个此系统的查询密码,使用这个密码可以查询加密后的任何人接入系统后的任何动作,这样一来,这个系统中的四方或者说所有参与者就将形成一种交互监督、交互信任的关系。系统可以根据大数据分析直接计算出最适合业主的方案,并通过智能合约经由金融机构自主完成购买或者维修行为。

（3）能源智能化调控。

未来,通过区块链技术可以实现能源智能化调控,智能设备与互联网信息可以经由区块链连接在一起。想象一下,某市区的摄像头捕捉到郊区某一输电设备突然异常断电,与其他相关节点反馈的信息——比如报警器的鸣响或是某一区域灯光突然熄灭等对比并确认真实后,信息直接传递给维修总部,维修总部设备会根据智能合约的规则设定自动派出相应维修设备去往现场维修。智能化调控的时代会让我们的生活更加方便,更加安心。

2.1.2 智慧水务

我国可取用的水资源量约为 8 000～9 500 亿立方米，2020 年全国总用水量已经达到 5 812.9 亿立方米，水资源使用率已达 70%，正在向极限迫近。在某些地区如黄河，水资源取用率已达 92%，突破了河流承载的极限。更为严峻的是，我国城市污水的处理率仅为 45% 左右，由于污、废水处理率低，再加上水源污染日趋严重，致使我国各大水系和众多湖泊以及地下水都受到不同程度的污染。

我国的地表水资源主要集中在七大水系：长江（年径流量：9 513 亿立方米）、黄河（年径流量：661 亿立方米）、松花江（年径流量：762 亿立方米）、辽河（年径流量：148 亿立方米）、珠江（年径流量：3 338 亿立方米）、海河（年径流量：228 亿立方米）和淮河（年径流量：622 亿立方米）。七大水系的 400 多个水质监测断面中，Ⅰ～Ⅲ类、Ⅳ～Ⅴ类和劣Ⅴ类水质的断面比例分别为：41.8%、30.3% 和 27.9%，珠江、长江水质较好，辽河、淮河、黄河、松花江水质较差，海河水质差。主要污染指标为氨氮、五日生化需氧量、高锰酸盐指数和石油类。2004 年监测的 27 个重点湖库中，满足Ⅱ类水质的湖库 2 个，占 7.5%；Ⅲ类水质的湖库 5 个，占 18.5%；Ⅳ类水质的湖库 4 个，占 14.8%；Ⅴ类水质湖库 6 个，占 22.2%；劣Ⅴ类水质湖库 10 个，占 37.0%。其中"三湖"（太湖、巢湖、滇池）水质均为劣Ⅴ类。

智慧水务是通过数采仪包括水质、水压、流量等监测设备获取水务数据，通过无线网络实时将数据传输给水务管理平台，管理人员由此感知城市供排水系统的运行状态。智慧系统采用可视化的方式有机整合水务管理部门与供排水设施，形成城市水务物联网。智慧水务可将海量水务信息进行及时分析与处理，并做出相应的处理结果辅助决策建议，以更加精细和动态的方式管理水务系统的整个生产、管理和服务流程，从而达到"智慧"的状态。

1）智慧水务技术途径

智慧水务是以智能水表为基础，逐步实现水务管理的智慧化。智慧水务包括三个层次，即设备层（表计、传感器等）、数据传输层（数据的网络接入）以平台层（云、大数据、数据挖掘等）。在实现智能水表数字化达到一定规模后，构建以智慧水务平台为核心的智慧化运营体系将成为智慧水务基础设施企业的业务转型的重心，即实现数字化向智慧化的过渡。

2）智慧水务发展状况

如图 2-1 所示，中国智慧水务发展大体可分为三个阶段。

图 2-1　智慧水务发展阶段

水务 1.0 阶段,以自动化控制为核心,着眼于工艺优化以及生产效率的提升。20 世纪 90 年代的水厂自控,无人值守的自动化,地理信息系统(GIS)应用于管网管理,收费、财务、工资等开始实现电算化,以可编程控制器(PLC)为标志,水厂则通过数据采集和监控(SADA)的工控系统和仪表、传感器数据采集,供水设备实现远程监控、自动化运行,值班人员减少,一些岗位可无人值守,水厂实现自动恒压供水。

水务 2.0 阶段,以企业信息化为核心,更多地在企业资源管理、移动应用、算法应用方面进行突破。新世纪的互联网、MIS、ERP 开启了行业信息化,以互联网为标志,水务企业在管网管理、营业收费、设备管理等方面开始了商业软件的应用,并将各系统集成为 MIS;在生产系统之外以 ERP 为代表,全面进行了财务、物流、人力资源等信息化的建设,开启了水务行业信息化的新时代,通过用水信息的实时采集实现按需供水。

水务 3.0 阶段,则是大数据、人工智能、区块链的综合应用。近十年来的工业化与信息化两化融合,从信息化迈向智能化。以互联网 + 为标志,物联网远传水表等终端设备广为普及。国家推出工业 4.0 和智能制造,工业化、信息化两化融合以及智慧城市。

3)智慧水务行业市场规模

目前,我国共有 660 多个城市,2 500 多个县城和 30 000 多个行政建制镇,每个城镇基本上都拥有给水排水系统,但大部分水务公司处在 2.0 阶段,即向智慧水务方向拓展的阶段。现有的智慧水务企业规模普遍偏小,缺乏标杆性企业,行业的市场集中度较低。

随着物联网、大数据、云计算及移动互联网等新技术不断融入传统行业的各个环节,新兴技术和智能工业的不断融合,智慧水务行业发展具有广阔的前景。

4)智慧水务发展

根据水利改革发展的五年规划,城乡供水方向规划全国新增供水能力、供水规模的新增要求加快城乡供水管网的建设和改造,降低公共供水管网漏损率;加快重点水源工程建设,实施一批重大引调水工程;加强雨水和海水的利用;加强城市应急和备用水源建设,单一水源供水的地级及以上城市应完成备用水源或应急水源的建设。

"十二五"期间水务行业的投资力度以年均 24% 的速度增长。2016 年,中国水务行业的年度投资额达到 4 963.52 亿元。预计到 2023 年,我国水务行业的年度投资额将突破 8 600 亿元。

随着水务投资规模的增加,智慧水务将迎来发展的黄金期。预计到 2023 年,中国智慧水务行业规模将达到 251 亿元左右。图 2-2 所示为智慧水务发展趋势。

智慧水务的建设是一个庞大完整的产业链(图 2-3),不仅需要硬件支持,也需要软件支持,不仅需要传统公司的行业经验积累,也需要新进入者的资本技术支撑。因此,未来智慧水务将会出现更多的战略合作,通过强强联合、优势互补、资源共享、数据共享,加速智慧水务的发展与升级,扩大市场占有率,重塑行业形态,创造更大的商业价值。

2.1.3　园林景观与智慧城市

作为智慧城市形象重要载体的园林景观,对城市整体风貌的展示,宜居环境的建设有

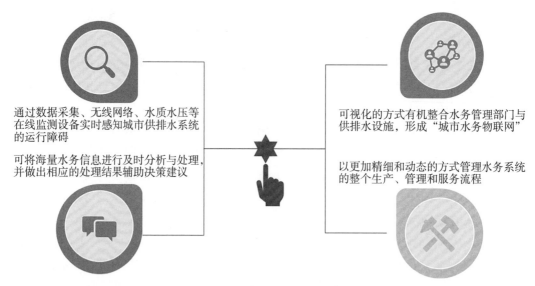

图 2-2　智慧水务未来发展趋势

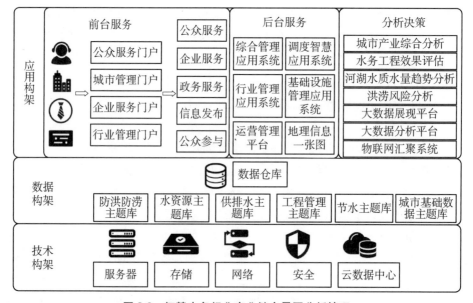

图 2-3　智慧水务行业产业链全景图分析情况

着重要的作用。通过对相关资料的查阅、概括，综合对智慧城市和园林景观相关概念的分析和解读，本书认为园林景观是智慧城市的重要组成部分。园林景观不仅能影响智慧城市的发展与建设，而且与智慧城市的实现是息息相关的，可以说密不可分、缺一不可。从发展、规划的不同阶段来看，智慧城市与园林景观相结合，能很好地实现信息互通、节约资源、生态高效、降低管理成本，为城市建设与发展发挥其重要的载体作用。

目前全球超过 1 000 个城市在进行智慧城市的试点、规划和建设，提出了依赖信息技术来改变城市未来发展蓝图的计划。作为智慧城市绿色文明、生态文明的重要载体和纽带，园林景观的构建与拓展已成为影响全球范围内智慧城市建设、发展的一个重要因素。

（1）园林景观是智慧城市的必备内容之一。

目前，全球许多国家和政府在抓紧研究和积极引导智慧城市的发展。国内而言，很多城市也将推进智慧城市建设作为发展战略性新兴产业、提升城市运行效率和公共服务水平、实现城市跨越式发展的重要契机，相继提出了智慧城市的发展方向并着手未来的规划与建设。专家预测在未来二三十年内，智慧城市会集生态化、智能化、数字化、信息化于一身，走协同化、低碳化、绿色化、安全化联动机制的发展道路。相对于智能城市的全面发展，园林景观在体现以人为本、生态优先的主旨下，更加朝着多样化、标准化、专业化、建筑与园林景观一体化的方向发展，进而与智慧城市相接轨。从长远发展来看，随着智能化、信息化生活水平的不断提高，注重智能与科技、创新与共享、信息与文化、生态与可持续是二者共同面对的问题。如何打造出一个真正适宜人类居住的生活环境，是园林景观与智慧城市未来发展所为人们期待的。

（2）园林景观在智慧城市体系中的发展方向。

① 多元化。智慧城市与园林景观应倡导文化多元化，并相互融合，共同发展建设。多元化同时须与地域文化相结合，综合考虑诸如地理环境、经济水平、文化背景、人们的需求、习性等。

② 一体化。无论是智慧城市建设还是园林景观建设两者都是在构筑空间，都是为了营造一个美好的居住环境。纵观二者内在的发展规律，均存在协调与服务、构建与优化的本质属性。目前，在欧洲许多国家的智慧城市建设过程中，作为最有效参与者之一的景观设计师，需提前与城市规划部门相互沟通、共同协作。以园林景观设计的使用功能为出发点，将规划设计细节、生态环境需求和智能系统改造协调完善，形成一体化系统和整体设计理念。通过前期的协作与配合，设计师和规划者们探索出符合一体化要求的多边机制和有效操作途径，有效挖掘城市独特的自然地貌、历史文化、社会状况等，整合景观与建筑、园林与城市，纵向拓展城市空间结构与功能，建立新的多元秩序，实现园林景观与智慧城市的一体化发展。

③ 人文化。园林景观与智慧城市本身一样均崇尚历史和文化。从二者的构建要素和未来发展来看，智慧城市建设和园林景观设计都要依据科学、尊重自然，充分理解利用本区域自然环境与人文特色，因地制宜地使规划设计与当地风土人情、文化氛围和底蕴、建筑风格相融合，实现前瞻性、科学可持续性、生态性与文化性的统一。中国著名信息专家、中国工程院院士邬贺铨在《智慧城市应植入本土文化"基因"》一文中指出：人文化是智慧城市的"情商"，会产生独特性和吸引力，使人们能够从城市景观中读出不同城市的历史文脉和文化空间，品味出不同城市的人文风格。世界著名建筑师、美国科学院院士俞孔坚认为：人来自于自然，同样回归于自然；现代的城市被喻为"钢筋森林"，如何改变这种被灰色冰冷混凝土世界所包围的城市，让"文化"与"绿化"相得益彰是当前亟待解决的问题。综合来看，智慧城市不但要环境出色，而且人文效益也要显著。只有将人与城市建筑、人文、景观有机融合，增加内部接触和互动的空间和机会，才能实现智能城市与园林景观的人文化。

④ 数字化。当今智慧城市建设与园林景观设计均安装数字化内核。随着信息获取和传输技术的发展,信息技术已成为智慧城市和景观设计相互获取数据、分析数据,使多元数据得到融合,使决策和设计过程更科学、规范。

⑤ 信息智能化。园林景观和智慧城市的另一个共同特征是信息智能化。智慧城市能有效地将智能处理与计算通过信息化方式实现数据之间的智能连接,并最终打造高效的智慧城市。在智能化方面,园林景观与智慧城市的关联点在于智能技术和信息的应用上。智能分析、声控技术、远程管理软件、FDR 传感系统技术等在景观建筑、植物种植管理、水景和灯光等方面均具有技术可应用点。

⑥ 生态与可持续化。从生态与可持续化的视角认知和解读园林景观与智慧城市的关联性,须全面引入生态系统论和可持续设计理念。在园林景观层面,把园林景观作为基于生态基础设施的多尺度城市开发是城市开发规划的空间战略,将景观元素和空间格局所组成的景观网络结构化,整合不同的自然资源与人文资源来构筑城市,为居民提供多样的、可持续的生态系统服务。在智慧城市生态可持续建设方面,通过对生态技术因子、系统论和全视角(宏观、中观、微观)三个层面的综合分析与运用,构建一种生态与可持续化协同发展的全新智慧城市模式。

(3) 园林景观在智慧城市中的价值。

现阶段,智慧城市的建设和发展着眼于人与自然和谐相处,通过智能技术与园林景观环境的有效结合,科学、系统地规划城市的未来。

园林景观视角下的智慧城市建设致力于探讨一种人与自然、经济与生态和谐发展的科学发展模式,旨在帮助人们了解与感知城市环境,使个人行为与城市发展产生联系,形成有机的统一体。园林景观在智慧城市中的作用在于有利于制定科学合理的城市规划和设计,有效推动城市生态转型和高效的运转;通过挖掘城市资源潜力建设一类生态高效、节能低碳、绿色环保、信息智能、建筑宜居、环境优美的智慧城市,进而提高全社会的环境保护意识和资源节约意识。

在协调城市建设与环境可持续方面,园林景观设计先导先行。作为二者的中间环节,智慧城市园林景观应深化内涵、转化优势,不断开发和研究对城市环境有利的技术支撑体系。通过借助信息化系统与科学技术,准确、高效地评估城市资源环境的承载能力和绿地使用率。在倡导智能科技与园林景观相结合的基础上,形成系统智能化、信息化、网络化与全方位化并进的园林景观体系和构建模式,发挥园林景观重要的纽带作用,实现智慧城市建设与环境可持续的协调发展。

对于提高智慧城市软实力而言,园林景观具有极其重要的现实意义。园林景观是反映智慧城市形象的重要窗口,也是支撑智慧城市生态平衡、凝聚城市文化共识的重要组成部分。在园林景观建设的带动下,智慧城市正朝着"城市—花园—森林"的建设方式转变,发挥其内在的感召力和亲和力。通过对智慧城市园林景观的构建与深化,将有效发挥其特有的"软文化""软资源""软实力",为智慧城市文化战略的提升,起到辐射、传播、推广的作用。与此同时,也能促进智慧城市相关行为的洗礼、升华,最终达到提升智慧城市软实力的目的。

园林景观是一门综合的应用性学科,是集园林学、景观学、建筑学、城市规划、环境艺术于一身,具有高度的交叉性和复杂性,对于提升城市管理水平有着深远的影响。更进一步来说,园林景观发展视角下的智慧城市会更多地关注人文思想、注重城市功能,强调城市的管理水平。因此,城市管理者和设计者不仅要用感性的眼光去看待智慧城市建设,更要用科学和理性的方法去观察、研究城市内在与外在的空间环境以及所存在的问题,进而运用先进的科学技术、有效的方式方法指导智慧城市建设,不断提升智慧城市的管理水平。

探究园林景观在智慧城市中的价值,应从智慧城市与园林景观的关联性和发展趋势上进行研究、总结。通过对现实案例研究不难发现,园林景观对智慧城市的发展,缓和城市与人类、城市与自然环境之间的矛盾具有重要的现实价值和理论意义。在园林景观的有效推动下建设满足居民需求为目标,兼具公共安全、生态优先、绿色环保、功能多样的新型智慧城市。通过智慧城市建设,能促进智能信息系统的全面提升,有助于避免园林景观设计中数据采集的盲目性,能够准确、及时、有效地进行数据传导,为城市决策者提供准确的判断依据,从而为构建高效、节约、智能化的园林景观打下坚实基础,实现园林景观真正的价值。

智慧园林综合管理系统建设要求以新一代宽带网络、云计算、人工智能等新兴信息技术为支撑,实现视频监控、客流统计、消防系统、停车场管理、卡口系统等各系统的跨平台、跨网络、跨终端,并支持大量用户并发访问、海量数据的综合应用、多系统之间的综合化管理,在现有景区信息化的基础上。

在园林的管理上,智能化的管理系统将对各个系统进行综合性管理,整合各系统资源,实现系统间的数据共享,同时统一用户操作界面,优化业务管理流程,让用户在系统的管理使用上变得更加的便捷、简单,让景区运营更有秩序更安全。另一方面,通过系统整合,使业务数据交互更加密切,系统的业务整合能力更加优化从而达到系统 $1+1>2$ 的融合效果。

智慧园林平台利用物联网、云计算、移动互联网、信息智能终端等新一代信息技术建立园林大数据库,实现从采集、分析、统计、预警全过程的数字化、网络化、可视化、自动化和智能化的技术过程。通过对园林管理相关的各类数据进行综合管理,对园林养护信息的自动感知、及时传送、及时发布和整合共享,实现对园林养护工作的科学信息化管理,为行政决策提供可靠的科学依据。

智慧园林应有的子系统:人员出入统计系统、智慧路灯物联网系统、环境监测、路灯视频监控系统、Wi-Fi覆盖、多媒体信息发布、应急求助、周界防护、出入口控制系统、智能座椅系统、智能垃圾分类管理系统、智能火灾报警处理系统、智能灌溉系统、防走失系统、互动艺术灯光系统。

园方可以通过以上智能终端基于综合管理平台管理进行设备、苗木的维护,并能够通过终端平台对报修事件的办理结果进行上传。在事件办结后对报修事件和维护内容、维护人员的情况记性评价。

园区设有多样的便民服务和设备租用服务,提供轮椅租借、儿童推车租借、休闲脚踏车等园区设备,同时园方自身也有众多的重要设备需要进行管理。苗木档案管理与设备管理相近,对园区各类苗木进行档案创建,并配置独立身份二位码,管理维护人员通过表格形式进行设备静态档案信息录入。

对于园区来访游客根据智能服务的应用需求,采用基于手机微信的"指尖微园林"平台,实现便捷的移动式服务。通过手机微服务模块搭建园区信息发布平台,园方可实现强大的区信息咨询编辑、传输、发布和管理等功能,通过园林微平台将相关活动、灾害等信息推送至各游客。

智慧园林的发展对我们的生活将大有裨益。作为智慧城市的重要组成部分,智慧园林能为城市居民的生活带来便利,智慧园林的建设不仅是供给城市管理者的工具,更是人们亲近自然、参与自然、保护自然的参与平台,智慧园林的建设和推进是社会发展的需要,与每个人密切相关。

2.1.4 智能大气监测

我国自改革开放大力发展工业以来空气污染持续加重,在 2013 年达到顶峰,之后采取了一系列综合治理措施后空气污染得到遏制,但问题依然严重。2020 年 3 月生态环境部发布《关于推进生态环境监测体系与监测能力现代化的若干意见(征求意见稿)》,意见稿提出完善生态环境监测技术体系,发展智慧监测,推动物联网、传感器、区块链、人工智能等新技术在监测监控业务中的应用。

智慧城市是近年来我国在大力推动的城市建设方案,可以说其核心功能点就在于其"智慧"两字。智慧的范围非常广泛,主要涉及传感器技术、通信技术及计算机技术。传感器技术是收集各类数据的源头,大量布局于城镇的各个空间,作为人们视觉、听觉、嗅觉,甚至感觉的延伸。空气质量的优劣是无法用肉眼察觉的,同时影响的因素又很多。所以那些集成着各类气体传感器、颗粒物传感器的空气质量监测设备体系就成了每一个感受空气质量的触点,而对应的改善和治理技术的使用,都是以这些小小的传感器数据作为依据。将这些点位的数据串联起来,同时结合室外及室内的各类数据。我们就可以获得整个楼层、整栋楼、整个园区乃至整个城市的空气质量状况。而要达到这些目标,就涉及各种、大量传感器的应用。

在城市建设发展过程中,城市大气环境随着建筑扬尘、雾霾等污染源变得越来越差。由于我国在传感器技术研发和制造上起步较晚、投入较少,所以对比发达国家仍存在一定差距。依据北京普华有策信息咨询有限公司《2021—2026 年中国气体传感器行业专项调研及投资前景预测报告》统计,中国在环境检测传感器、高端化学类气体传感器等对国外的进口依赖度达到 90% 以上,主流是美国、日本、德国、英国等地的传感器。但随着我国对于智慧城市建设、智慧空气构建的重视,传感器技术及行业发展将获得更多支持,中国的传感器技术在不久的将来会有很大发展。

大气网格化监测是近年来政府及环保部门大力推动的环保措施之一。全国已经有多个城市或地区拥有了自己的网格化系统,也有更多的城市或地区正在加紧布局当中。部署城市网格化环境监测系统,是将城市以区县、街道、乡镇、社区(村)为单位,分级划定大气污染防治管理网格,大范围高密度布点,以站点的形式将城市环境连成一片蜘蛛网一样的网格,实现区域网格全覆盖,实时了解污染来源,客观真实反映污染现状,综合分析污染原因。新一代的网格化监测不再局限于只针对大气污染,气象数据、水质数据也进入了监测体系中。结合视频监测及智能软件平台,可达到实时查看、快速预警、污染源远程追溯等众多功能。

从宏观来看,大气网格化监测的意义在于能够为环境管理、环境规划、环保决策起到切实的支撑作用。能整合环境管理的大量分散资源,进一步提升环境管理效能,加快精细化城市或地区环境管理机制的速度,提高现代化城市或地区管理水平,有效解决城市或地区环境问题。

从微观来看,一方面,大气网格化监测能切实起到及时发现、快速解决问题的作用。例如针对非法排污、秸秆焚烧、工地扬尘管理不当、胡乱倾倒垃圾等行为,网格化监测平台可快速锁定污染源,并派出执法人员进行违规处理,大大提高了环境污染事件的处置效率。另一方面,大气网格化监测能够及时发现由外而来的大气污染物事件,为污染源头追溯、信息互通、分清权责提供了有效的依据。

大气网格化监测的必要性在于,经济的不断快速发展将带来更多的环境污染,逐步影响到生态经济的可持续发展和人们的身心健康,政府及各地环保部门需要对所在城市及区域的环境污染状况有一个全面的了解。大气网格化监测的建设及布局不仅可以实现精准监测及大面积联防联控为大气国标站进行大量的数据补充,更可以消除环境监测的众多盲点,为验证环保治理效果、调整治理策略、明确责任、环保执法等提供了重要的依据。

2.2 区块链在智慧城市生态建设中的实践案例

1) TransActive Grid 区块链能源项目

TransActive Grid 于 2016 年 3 月 3 日在美国纽约成立。

区块链技术在 TransActive Grid 所倡导的能源交易过程中的作用是追踪记录用户的用电量以及管理用户之间的电力交易,电力数据通过区块链技术可以成功实现货币化。TransActive Grid 的目标架构没有中心节点,纯粹是用户和用户之间点对点的交易,区块链的分布式结构和数据不可更改的技术特点完全吻合布鲁克林微网系统的分布式电网系统,也符合 TransActive Grid 团队对于 P2P 支付方式的设想。

TransActive Grid 项目将区块链技术应用于追踪记录用户的用电量以及管理用户之间的电力交易,探寻了电力数据实现货币化的可行性。

2) OSIsoft 智慧水务

OSIsoft 的直观显示企业生产过程相关信息的虚拟窗口(plant information,PI)系统包括数据采集的标准接口程序、数据的存储与管理、资产框架搭建、数据的分析、事件抓取与报警工具,PI 能够实时管理数据,对用户可视化。根据对水务公司使用的产品调研,

OSIsoft 的 PI 系统在全球的应用超过 20 个国家,超过 150 家水务公司的客户正在使用 PI,如:英国 Thames Water、英国 Yorkshire Water、英国 United Utilities、荷兰 Evides、荷兰 Vitens、荷兰 Oasen、菲律宾 Mynilad Water Service、澳大利亚 Melbourne Water、美国 San Francisco PUC、美国 Los Angeles Wastewater、美国 New York DEP、美国 Las Vegas Valley Water、美国 South Florida Water 等。

Thames Water 是英国最大的供水公司之一,之前的水务管理系统面临超过 40 天历史数据不能保存、无法将数据可视化、不同类型数据需要不同分析软件处理等问题。更换 PI 系统后,数据应用更快更准确,同时避免了水管老化可能造成的风险。通过分析其他应用 PI 系统的案例可以看出,该系统具有爆管预警,实时监测数据并快速可视化,整合不同系统数据等优点,并且通过大数据分析可以做到水资源流域洪涝管理、预测供水需求等功能,为企业减少由于损耗带来的损失。

3)City Sense 城市监测传感网络

City Sense 是由美国国家自然科学基金会资助,由哈佛大学和 BBN 公司联合开发出的,可以报告整个城市实时监测数据的无线传感网络。

City Sense 通过在美国马萨诸塞州剑桥市的路灯上安装传感器,利用路灯的电力供应系统作为传感器运行时的电力能源,解决了电池寿命对于无线传感网运行的限制,有利于长期环境监测试验。每个节点都含有一个内置 PC 机、一个无线局域网界面,利用 Wi-Fi 无线网络技术,将监测信息回传到监测中心,监测信息包括压力、温度、相对湿度、风速、风向、降雨量、降雨强度、二氧化碳排放、噪声,之后为用户提供 City Sense 网站信息查询。

City Sense 通过把每个节点同相邻的节点相连形成网状,将分散在城市各处的远程节点和位于哈佛大学和 BNN 的中心服务器连接。在这一网络中利用一个 1 英里射程的小无线电装置,任何一个节点都可以从远程服务器中心下载软件或上传传感器数据。另外,根据微软公司提供的 Virtual Earth 和 Sensor Map 技术,网站的数据资料将覆盖到地图上。普通公众及学者可通过网站追踪污染物扩散情形,可进行长期监测,研究空气污染的解决方案。

4)Hi Temp 研究热岛效应项目

英国伯明翰大学主导了一个名为 Hi Temp 的环境项目,在伯明翰城区内部署了 250 个环境温度感测装置以及 30 个自动气象站。它们通过无线或有线方式接入互联网,实现数据互联互通。研究人员介绍这是全球最密集的环境监测网络,用于研究城市热岛效应。通过无线和有线网络,这些设备收集的数据能够实时传回大学的服务器进行分析,并与有关部门实时共享。

Hi Temp 项目旨在未来能将这些技术运用到更广泛的环境监测项目上,包括监测空气污染、二氧化碳排放等,为绿色城市规划提供更有针对性的数据参考。

5)穿戴式传感器监测噪声和空气

法国 Sensaris 公司研发出一种穿戴式无线传感器,可佩戴在手腕上。这一传感器结合全球定位系统(GPS),在其中装置蓝牙传输设备,由装有蓝牙的手机接收传感器的监测信息,然后借助手机上网功能,将信息上传至当地的中央服务器。因此,无论是行人还是骑自行车者都可使用这套设备,这一设备可以让公众监测并汇报噪声和空气质量信息,通过互联网即时将最新资讯分享给各使用者。

目前,此传感器提供了噪声和臭氧的监测功能,已大规模地部署在巴黎地区,以建构即时的污染地区地图。Sensaris 计划增加其他空气污染物的监测,包括一氧化碳、二氧化碳和氮氧化物。

6) 韩国松岛智慧城市项目

韩国松岛是韩国政府支持下的智慧城市试点,其位于首尔以西 35 公里的仁川港,通过填海造陆获得土地资源,在建设初期就考虑了智慧城市方案。在规划中,整个城市的社区、医院、公司、政府机构实现全方位的信息共享,数字技术深入到每一户,居民使用智能卡完成生活中大部分的生活应用,包括支付、查账、寻车、开门等。

该项目设计开始于 2000 年,设计的主导思想是当时非常流行的"一卡通"模式。虽然智能手机和移动互联网的发展让这一构想在现在看起来变得有些过时,但松岛通过移动互联技术改进它的运维方案并且节约成本。我国当前的智慧城市建设大量地使用无线技术和移动互联网络应用,其本质和松岛建设全方位信息共享平台并无二致。智能手机的普及实际上摊薄了智慧城市建设中市政投入的费用(终端费用由用户个人自掏腰包),而且有可以通过无线 APP 服务达到商用的可能。

松岛最初设计的盈利模式是服务盈利,即城市运营者提供无线网络、物联网响应(包括门禁、监控等楼内服务和交通控制等公共服务)、环境控制(气象预报、温湿度、污染物检测等)等服务,租用或购买楼宇的人购买这些服务以提供给自己的客户。比如楼宇业主通过租赁楼宇地下车位的监控服务向自己的顾客提供停车指引等服务。在后期,城市运营者可以逐渐增加服务类型来创造新的盈利点,这用现在的眼光来看也是可行的策略。在未来,服务消费尤其是信息服务消费一定是公共服务长期稳定运行的一个重要支撑项目。在我国,智慧城市的建设也在重点探索这一可能性。

第**3**章

区块链在智慧城市民生建设中的应用

区块链技术在医疗领域应用主要是药品供应链、医疗资料共享、医疗流程改革等方面;在智慧金融中的应用主要体现在以电子货币为基础的金融支付、贷融资等方面的改革;在智慧交通领域应用主要体现在道路、车辆、停车场、充电设施等自动控制管理系统的建设;在智能建筑领域中的应用主要体现在应用包括区块链技术在内的监测、传输、处理等高技术让建筑给人更安全、舒适、节能的生活工作环境。

本章主要介绍了区块链在智慧医疗、智慧教育、智慧金融、智慧交通及食品安全中的应用。

3.1 区块链在智慧民生建设的分类与现状

3.1.1 智慧医疗

医疗卫生体系的发展水平关系到人民群众的身心健康和社会和谐,一直是社会关注的热点之一。智慧医疗旨在通过物联网技术实现准确、实时感知医疗信息,并进行全面、科学分析,作出智慧的决策,从而提升医疗服务的信息化水平,为人民群众提供一流的医疗服务,为构建和谐的社会环境打下坚实基础。

1)区块链在医疗领域的应用方向

(1)医疗数据安全存储与共享。

目前,超过三分之二的区块链企业将发展重心放在了医疗数据领域,例如 BitHeath、PokitDok。BitHeath 运用区块链技术存储医疗健康数据并能够将其从世界各地任一节点恢复。运用区块链技术,医疗数据在国际上以类似于 BitTorrent 的点对点文件分享技术形式进行传播,万一出现网络故障,可以从本地节点恢复数据。PokitDok 目前与 Inter 开展了深入合作,旨在从芯片的层面实现数据的安全。

(2)医疗流程改革。

除了医疗数据领域,医疗流程改革也广泛采用了区块链技术,PokitDok、Gem 为这个应用的代表。PokitDok 主要是利用区块链技术进行用户身份确认,识别消费者与服务提供商,在自动识别交易参与方的基础上,利用智能合约实现医疗保险的快速赔付。Gem 旨在向医疗保健服务商提供网络基础设施,使得医疗健康领域可以采用更多的物联网与区块链方案,如图 3-1 所示。

(3)药品供应链的监管与药品鉴别。

药品监管领域主要是关注供应链方向的区块链公司在开展,以 Block Verify 为典型代表。Block Verify 是一家基于区块链技术的防伪方案服务商,提供的服务包括真伪验证、产品追踪等,这与药品监管领域有着高度的契合点。

对于整个药品冷链,参与方众多,所有参与者通过智能物联设备所采集的数据串联起来,链接了从药品生产者、经销商、承运商、医院、监管机构五个部分。利用区块链技术将数据上链,杜绝了人为篡改的可能,确保了数据的安全与可回溯,利用智能合约自动执行的特性,在采集数据出现异常时自动报警,避免出现重大损失。图 3-2 所示为智慧医疗药品供应链系统图。

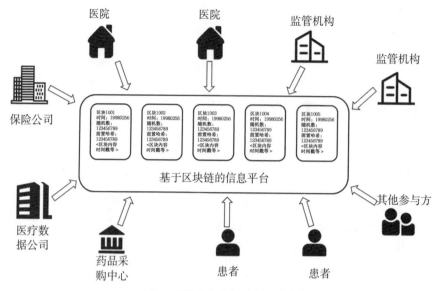

图 3-1　智慧城市综合医疗解决方案

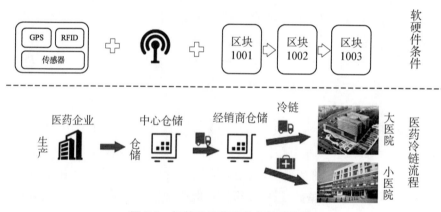

图 3-2　智慧医疗药品供应链系统图

2）区块链在医疗领域的应用技术

（1）智慧医疗的物联网技术。

① 医疗信息感知。目前绝大多数医疗信息都可以通过医用传感器感知或采集。医用传感器就是一种电子器件，特指应用于生物医学领域的传感器，能够感知人体生理信息，并将这些生理信息转换成与之有确定函数关系的电信号。体温传感器、电子血压计、脉搏血氧仪、血糖仪、心电传感器和脑电传感器是智慧医疗中最常用的传感器。

② 医疗信息传输。无线人体局（区）域网利用近距无线通信技术，将穿戴或植入在人的身体上的集中控制单元和多个微型的传感器单元连接起来。典型生理传感器有穿戴式或植入式两类，如心电图传感器、血压传感器、血氧传感器、体温传感器和行为感知器等。无

线人体局域网主要针对健康监护应用,可以长期、持续的采集和记录如糖尿病、哮喘和心脏病等慢性病人的生理参数,并在需要时为病人提供相应的服务,如在发现心脏病人的心电信号发生异常时及时通知其家人和医院,在发现糖尿病人的胰岛素永平下降时自动为病人注射适量的胰岛素。

在移动医疗护理应用中,护士利用手持移动终端设备,可以快速将病人的相关信息通过医院无线局域网传输到医院信息系统的后台数据库中,也可以根据病人的唯一标识号从后台数据库中读取病人的住院记录、化验结果等信息。在远程医疗应用中,通过布设在家庭的无线局域网,可以将居家老人的实时生理数据、活动记录和生活情况等传送到医院数据中心进行分析,并在发生紧急情况时通知家人或值班医生。此外,无线局域网还可用于室内定位。

无线局域网也可以接入广域网,将数据和信息传送到远端服务器,广域网适用于医疗信息的远距离传输,主要用于远程医疗、远程监护、远程咨询等应用中的信息传输。

③ 医疗信息处理。医疗信息具有多模特性,包括纯数据(如体征参数、化验结果)、信号(如肌电信号、脑电信号)、图像(如 B 超、CT 等医学成像设备的检测结果)、文字(如病人的身份记录、症状描述、检测和诊断结果的文字表述),以及语音和视频等信息。医疗信息处理涉及图像处理技术、时间序列处理技术、数据流处理技术、语音处理技术和视频处理技术等多个领域。

(2) 智能医疗监护。

智能医疗监护是指通过感知设备采集体温、血压、脉搏等多种生理指标,对被监护者的健康状况进行实时监控。

将移动、微型化的电子诊断仪器,如电子血压仪、电子血糖仪等植入到被监护者体内或者穿戴在被监护者身上,持续记录各种生理指标,并通过内嵌在设备中的通信模块以无线方式及时将信息传输给医务人员或者家人。移动生命体征监测可以不受时间和地点的约束,既方便了被监护者,还可以弥补医疗资源的不足,缓解医疗资源分布不平衡的问题。

在医疗服务过程中对医务人员、患者、医疗设备的实时定位可以很大程度地改善工作流程,提高医院的服务质量和管理水平,方便医院对特殊病人(如精神病人、智障患者等)的监护和管理,及时对紧急情况进行处理。

(3) 远程医疗。

远程医疗监护系统支持家庭社区远程医疗监护系统、医院临床无线医疗监护系统、床旁重患监护和移动病患监护。远程医疗监护系统由监护终端设备和无线专用传感器节点构成了一个微型监护网络。医疗传感器节点用来测量如体温、血压、血糖、心电、脑电等人体生理指标。传感器节点将采集到的数据通过无线通信方式发送至监护终端设备,再由监护终端上的通信装置将数据传输至服务器终端设备上,远程医疗监护中心,由专业医护人员对数据进行观察,提供必要的咨询服务和医疗指导,实现远程医疗。

(4) 医疗用品智能管理。

射频识别电子标签识别技术在药品防伪方面的应用比较广泛。生产商为生产的每一批药品甚至每一个药瓶都配置唯一的序列号,即产品电子代码。通过射频识别标签存储药品序列号及其他相关信息,并将射频识别标签粘贴在每一批(瓶)药品上。在整个流通环节,所有可能涉及药品的生产商、批发商、零售商和用户等都可以利用射频识别读卡器读取药品的序列号和其他信息,还可以根据药品序列号,通过网络到数据库中检查药品的真伪。

基于射频识别技术的血液管理实现了血液从献血者到用血者之间的全程跟踪与管理。献血者首先进行献血登记和体检,合格后进行血液采集。每一袋合格的血液上都被贴上射频识别标签,同时将血液基本信息和献血者基本信息存入管理数据库。血液出入库时,可以通过读卡器查询血液的基本信息,并将血液的出入库时间、存放地点和工作人员等相关信息记录到数据库中。在血库中,工作人员可以对库存进行盘点,查询血袋的存放位置,并记录血液的存放环境信息。在医院或患者使用血液时,可以读取血液和献血者的基本信息,还可以通过射频识别编码从数据库中查询血液的整个运输和管理流程。

医疗垃圾监控系统实现了对医疗垃圾装车、运输、中转、焚烧整个流程的监控。当医疗垃圾车到医疗垃圾房收取医疗废物时,系统的视频就开始监控收取过程。医疗垃圾被装入周转桶,贴上射频识别标签并称重,标签信息和重量信息实时上传到监控系统。医疗垃圾装车时,垃圾车开锁并将开锁信息汇报到监控系统,在运输过程中,通过 GPS 定位系统实时将车辆位置进行上报。在垃圾中转中心,将把垃圾车的到达时间和医疗垃圾的分配时间上报。焚烧中心将上传垃圾车的到达时间,并对垃圾的接收过程进行视频监控,焚烧完毕后将对医疗垃圾周转桶的重量进行比对,并将信息上传给监控系统。

(5)医疗器械智能管理。

为每个手术包配置一个射频识别标签来存储手术器械包的相关信息(包括手术器械种类、编号、数量、包装日期、消毒日期等),医务人员可以通过手持或台式射频识别读写器对射频识别标签进行读取或写入,并通过网络技术与后台数据库进行通信,读取或存入手术器械包的管理信息,实现手术器械包的定位、跟踪、监管和使用情况分析。

随着医学技术的发展,植入性医疗器械在临床医疗中的运用越来越广泛。这类医疗器械被种植、埋藏、固定于机体受损或病变部位,以支持、修复或替代机体功能,包括心脏起搏器、人工心脏瓣膜、人工关节、人工晶体等。植入性医疗器械属于高风险特殊商品,其质量的可靠性、功能的有效性直接关系到接受植入治疗患者的身体健康和生命安全。

(6)智能医疗服务。

移动门诊输液系统实现了门诊输液管理的流程化和智能化,提高医院的管理水平和医务人员的工作效率,改善核对病人身份及药物的流程,方便护士在输液服务过程中有效应答病人的呼叫,优化门诊输液室的环境,并为医务人员的工作考核提供依据。护士利用扫描枪对病人处方上的条码进行扫描,根据条码从医院信息系统中提取病人的基本信息、医嘱和药物信息等,打印用于病人佩戴的条码和输液袋上的条码。输液时,护士利用移动终端对病人条码和输液袋条码进行扫描和比对,并将信息传输到医院信息系统进行核对,以确认病人信息和剂量执行情况。该系统使用双联标签来保证病人身份与药物匹配,减少医疗差错,同时分配病人座位号,在输液过程中实现全程核对,保证用药安全。

移动护理可以协助和指导护士完成医嘱,提高护理质量、节省医务人员时间、提高医嘱执行能力、控制医疗成本,使医院护理工作更准确、高效、便捷。患者佩戴的射频识别标签可记录患者的姓名、年龄、性别、药物过敏等信息,护士在护理过程中通过便携式终端读取患者佩戴的射频识别信息,并通过无线网络从医疗信息系统服务器中查询患者的相关信息和医嘱,如患者生理指标、护理情况、服药情况、体温测量次数等。护士可以通过便携式终端记录医嘱的具体执行信息,包括患者生命体征、用药情况、治疗情况等,并将信息传输到医疗信息系统,对患者的护理信息进行更新。

智能用药提醒通过记录药物的服用时间、用法等信息,提醒并检测患者是否按时用药。基于射频识别的智慧药柜可提醒患者按时、准确服药。使用者从医院拿回药品后,为每个药盒或药包配置一个专属的射频识别标签,标签中记录了药的用法、用量和时间。把药放入智慧药柜时,药柜就会记下这些信息。当需要服药时,药柜就会发出语音通知,同时屏幕上还会显示出药的名称及用量等。使用者的手腕上戴有射频识别身份识别标签,如果药柜发现用户的资料与所取的药品的资料不符合,能及时警示用户拿错了药。如果使用者在服药提醒后超过 30 min 没有吃药,系统会自动发送消息通知医护人员或者家属。

电子病历用于记录医疗过程中生成的文字、符号、图表、图形、数据、影像等多种信息,并可实现信息的存储、管理、传输和重现,不仅可以记录个人的门诊、住院等医疗信息,还可以记录个人的健康信息,如免疫接种、健康查体、健康状态等。

3.1.2　智慧教育

智慧教育是政府主导,学校和企业共同参与构建的现代教育信息化服务体系。该体系由云计算、物联网、互联网、数字课件、公共服务平台和云端设备组成,实现跨时跨地共享教育资源,教育主管部门和学校也可以通过该体系实现廉洁高效的管理。智慧教育是教育信息化高度发展的教育新形态,是"互联网 + 教育"的必然,也是智慧城市建设的一个重要领域。智慧教育的本质就是通过教育信息化的手段实现教育信息与知识的共享,智慧教育有"教育"的属性,也有"信息化"的属性。

智慧教育产业链上游建设主体为软件商、硬件厂商和内容提供商,三大主体用四个维度的产品来支撑智慧教育的建设,即校园 IT 基础设施、互动教学硬件设备、信息化平台及软件、线上内容资源;通过软件、硬件和内容的整合构成了智慧教育行业——在线教育、智慧校园和智慧课堂。

根据相关调研数据显示,智慧教育产品关注度出现了显著变化。2018 年开始,智慧教育产业呈现出新的发展路径,即信息化建设向平台、软件、应用转移,院校使用需求向信息化与学校教学、教研、管理和服务深入融合的方向演变。此外,教育企业间的产品合作频频,软件、硬件、内容三大版块产品联动合作已成大势所趋,产品布局更"软",从信息化硬件提供方,转变为软硬件及数据分析为一体的整体解决方案提供商,产品数据化的趋势渐显。

智慧教育建设侧重点发生变化驱使产品采购发生变化。调研显示,2019 年产品采购趋势中,机器人类产品受到的关注度最高,有超过 65% 的用户选择了此类采购意向;同时,校园云平台及教学软件产品成为院校采购青睐的对象。智慧教育建设更偏向深度融合应用信息化软件产品转变,各类新技术手段融入教育教学的各个环节将成为标配。

智慧教育行业市场规模包括两大块:在线教育市场规模和教育信息化市场规模(主要指学校实施的智慧课堂、智慧校园等工程)。

智慧课堂是智慧教育的重要细分领域和应用场景,市场容量巨大。从智慧校园的维度出发,宽带校园、校园安防、校园智联等都具有潜在机遇,以"智能终端学生卡"为例,在"一人一卡"的长远趋势下,学生的存量和增量都将带来巨大的市场规模,其对应的学校基础设施建设和维护也将带来巨大的市场规模。

在线教育是智慧教育的重要细分领域之一,从用户规模情况看,在线教育用户规模逐年递增,占网民规模比重高速增长,尤其是手机端;2020 年,中国在线教育用户规模达 3.41 亿人;手机在线教育用户规模达 3.41 亿。未来,在线教育将成为教育大趋势,用户规模将进一步扩大;此外,随着内容付费意愿加强,市场规模也将不断扩大。

在线教育和教育信息化双驱动我国智慧教育事业蓬勃发展,随着人工智能、物联网等新兴技术的不断发展,我国智慧教育行业的市场规模也不断扩大。在线教育受三大因素共同促进,市场规模不断扩张,用户渗透率不断提升;教育信息化在国家重点关注,各省市地方积极推进的情况下,信息化水平不断提高,《教育信息化 2.0 行动计划》提出三全两高一大的目标为教育信息化发展指明了方向,在线教育和教育信息化的不断扩张,共同促进我国智慧教育事业蓬勃发展。

影响在线教育行业的因素主要包括三个:升学就业需求、技术创新以及政策规范。其中,升学就业需求影响机制为:焦虑感和危机感驱使庞大中产阶层的教育开支持续提升,从而使得在线教育行业下游需求旺盛;技术创新影响机制为:大数据技术、人工智能技术、增强现实技术、虚拟现实技术、在线课程模式等正在进一步迭代在线教育的形式,不断推进着互联网教育平台向纵深发展,促使其更加高效、智能且个性化。

智慧教育市场巨大的市场诱惑力也吸引了众多相关企业的参与。线上的企业出现了激烈的市场争夺战,有致力于 K12 教育领域的各大在线教育网站,如新东方、猿题库、梯子网、365 好老师等网站;有致力于消除家长与学校沟通壁垒的各类 APP,如蜻蜓校信、天天上、校内外、翼校通等;有致力于为智慧教育提供从硬件设施到软件配套的解决方案的网站,如中国硅谷在线;有致力于将教育行业电商化的电商网站,如淘宝的淘宝大学、腾讯的微讲堂等。

高等院校最关注的应用趋势为人工智能与机器人与互动课堂领域分别占比 16.56% 及 15.99%。其中,人工智能持续作为教育信息化的关键词,人工智能如何融入多元化教学场景中,又能解决哪些问题,是其产品及应用落地的关键所在。在院校使用需求上,互动课堂产品仍是硬需求,信息化设备赋予课堂教学怎样新的变革仍需持续探索并落实应用。创客 &STEAM 教育作为在 K12 阶段培养学生创新能力和综合素养的重要领域,其产品也受到了重要关注。

区块链技术被视为继云计算、物联网、大数据之后的又一项颠覆性技术,受到各国政府、金融机构以及科技企业的高度关注。区块链技术有望在"互联网＋教育"生态的构建上发挥重要作用,其教育应用价值与思路主要体现在以下几个方面。

(1)构建安全、高效、可信的开放教育资源新生态。

近年来,开放教育资源蓬勃发展,为全世界的教育者和受教育者提供了大量免费、开放的数字资源,但同时也面临版权保护弱、资源质量低等诸多现实难题。如何构建安全、高效、可信的开放教育资源新生态成为当前国际开放教育资源领域发展的新方向。

(2)打造智能化教育淘宝平台,实现资源与服务的全天候自动交易。

通过嵌入智能合约,区块链技术可以完成教育契约和存证,构建虚拟经济教育智能交易系统。该交易平台还提供在线学业辅导和工具下载等服务,学习者可根据学习需求选择恰当的学习服务,包括一对一在线辅导、知识点精讲微课、难点习题讲授等,所有资源和服务均可依据学习者的个性需求实现自主消费。

(3)建立个体学信大数据,架起产学合作新桥梁。

区块链技术在教育领域可以用作分布式学习记录与存储,允许任何教育机构和学习组织跨系统和跨平台地记录学习行为和学习结果,并永久保存在云服务器,形成个体学信大数据,有助于解决当前教育领域存在的信用体系缺失和教育就业中学校与企业相脱离等实际问题。

(4)开发去中心化教育系统,全民参与推动教育公平。

现阶段的教育体系仍以正规教育为主导,由政府机构或学校提供教育服务并进行认证,个人对某一特定学科的精通程度,仍需由受认可的大学颁发文凭或证书来证明,导致教育的管理权被学校和政府所垄断。

(5)开发学位证书系统,解决全球性学历造假难题。

随着就业市场竞争的加剧以及科技的发展,学历造假成为阻碍教育全球化发展的重要因素。为了解决学术欺诈尤其是学历造假这一国际性教育难题,诸多机构开始尝试引入区块链技术,构建全新的学位证书系统,以实现学历信息的完整、可信记录。

(6)实现网络学习社区的真正"自组织"运行。

区块链与在线社区的结合,也是区块链技术在教育领域很有前景的应用方向。区块链技术可以优化和重塑网络学习社区生态,实现社区的真正"自组织"运行。

3.1.3　智慧金融

中国智慧金融的发展可以划分为四个阶段:第一阶段是 2000 年到 2010 年左右,国内如火如荼构建金融基础设施,进行电子化、信息化建设;第二阶段是金融科技化的阶段,缘于云计算和大数据技术的兴起,互联网金融业务的兴起就在于金融行业采用云和大数据的技术,但是这个阶段数据的来源以及一些场景是相对比较割裂的;第三阶段是金融机构构建自己的 AI 平台,应用深度学习的能力去重塑各个业务环节并且开始贯穿,跨企业的数据生态开始建立,跨企业的业务场景合作也越来越多;第四阶段是比较理想的阶段,每个金融机构都形成自己的金融超脑,贯通各个业务的场景,而且不断进行智慧化演进,同时,每个C端的客户都拥有一个金融AI的顾问。

现在中国的金融科技市场在全球金融可进市场占据了举足轻重的地位,中国的移动支付每年22万亿元以上,是美国市场的20倍,彰显了中国金融科技从技术层面的先进性和完备性。随之而来的是中国很多金融企业立足国内反哺世界,他们把中国的资金、技术、服务带到海外。

随着时代的进步,科学技术也在快速的发展,在生产生活中人们对于信息技术、智慧终端的应用也越来越广,人们对于信息的搜集、数据的运算能力及速度等方面也有着更高的要求,在这种背景下,社会经济的组织形态由传统形态开始朝着智能形态转变。在以往的交易过程中,产品是传统市场经济的关键,但是随着市场逐渐现代化,服务则成了当今交易的核心。在当前的市场经济体系当中,各种物品基于互联网都能错综复杂地交织在一起进而建立起一套网络体系,随着物联网的快速发展,作为信息经济学重要内容的金融在智慧金融服务行业在物联网的基础上将会迎来前所未有的创新以及巨大的变革。

作为中国首都和金融中心,北京和上海有着更为完整的金融科技生态系统,金融基础设施、资本市场投融资、支付清结算体系等相对完善,优势明显。深圳和杭州作为金融科技后起之秀,近年来也在着力打造自己的金融科技生态圈,深圳于2017年3月在福田区发布了首个我国地方政府金融科技专项政策,规划在五年内将福田区打造为具有国际影响力的金融科技中心,杭州也在2017年就提出了打造国际金融科技中心的目标,并于当年5月发布了《杭州国际金融科技中心建设专项规划》。

1)区块链技术在金融业务层面的应用

(1)数字货币。

随着区块链技术的日益成熟和动荡的世界金融市场给各国带来的政治金融风险与日俱增,全球各国央行和监管部门对于数字钱银的重视度与日俱增。

中国及时推出数字人民币是对数字钱银及其背面金融科技技术和可能引发金融革新,并期望抢占数字钱银尖端技能先机,防止钱银主权旁落于他国和缺乏必要约束的私营部门的手中。另一方面,通过发展数字钱银,期望减小美元霸权对世界经济尤其是我国经济的负面影响,并推动世界合作与跨境付出。中国作为世界第二大经济体、世界第二大金融商场,电子商务、电子流转产业商场巨大,数字钱银的发展与应用很重要。数字钱银的发展是今后人民币世界化的一个重要范畴和途径。

数字人民币有助于下降社会管理成本,下降传统纸币发行、流转的昂贵成本,改善民众付出结算的便捷性、安全性和买卖功率,更好地支持经济和社会发展。

数字人民币也有助于反洗钱、反恐怖融资、反逃税能力。与完全匿名使用的现金不同,中国商业数据中心能够完成可控匿名,能够改进识别客户能力,在保护用户合理隐私的前提下,提高对洗钱、恐怖融资、逃税等违法犯罪行为的识别精准度。

2021年是数字人民币扩大的一年。近年来数字人民币被频繁提及,更多的省市逐渐开启试点应用,数字人民币试点工作在顶层制度、创新实践等方面已具备充分优势。

从红包应用的消费场景看,北京和苏州发放的数字人民币红包均可实现红包在"线上＋线下"的多场景消费使用。在线上消费场景中,加入了京东商城作为线上电商消费场景,中签的用户可在京东线上场景的特定专区购满自营商品。在线下场景中,该红包可在王府井商圈的商场、酒店、书店等处使用。

2021 年珠海市《政府工作报告》指出,争取数字人民币在跨境场景试点使用。2021 年 1月 16 日,中国人民银行清算总中心、数研所、CIPS、SWIFT、中国支付清算协会合资成立金融网关公司。其中,SWIFT 持股 55%,中国人民银行清算总中心持股 34%,CIPS 持股 5%,中国支付清算协会、数研所分别持股 3%。CIPS 是一个独立支付系统,旨在整合现有人民币跨境支付结算渠道和资源,提高跨境清算效率,满足人民币国际化的需求。SWIFT 是一个多币种的电文处理系统,是国际清算体系中的电讯通道。CIPS 和 SWIFT 在人民币跨境支付中起着重要作用,如今携手成立金融网关公司,为数字人民币跨境支付带来一定想象空间:数字人民币的使用场景将得到大幅拓展;数字人民币的推广离不开人民币国际化进程。

(2)支付清算。

现阶段商业贸易的交易支付、清算都要借助银行体系。这种传统的通过银行方式进行的交易要经过开户行、对手行、清算组织、境外银行(代理行或本行境外分支机构)等多个组织及较为繁冗的处理流程。在此过程中每一个机构都有自己的账务系统,彼此之间需要建立代理关系;每笔交易需要在本银行记录,与交易对手进行清算和对账等,导致整个过程花费时间较长、使用成本较高。

与传统支付体系相比,区块链支付可以为交易双方直接进行端到端支付,不涉及中间机构,在提高速度和降低成本方面能得到大幅的改善。尤其是在跨境支付方面,如果基于区块链技术构建一套通用的分布式银行间金融交易系统,可为用户提供全球范围的跨境、任意币种的实时支付清算服务,跨境支付将会变得便捷和低廉。

在跨境支付领域,区块链金融网络 OKLink 是 OKCoin 2016 年推出的区块链技术应用产品,OKLink 是构建于区块链技术之上的新一代全球金融传输网络,致力于推动全球价值传输效率同时提升全球汇款用户体验。OKLink 链接全球中小型金融参与者,包括银行、汇款公司、互联网金融支付平台等等,借助区块链技术极大提高价值传输的速度、成本、透明性及安全性。

(3)数字票据。

目前,国际区块链联盟 R3CEV 联合以太坊、微软共同研发了一套基于区块链技术的商业票据交易系统,包括高盛、摩根大通、瑞士联合银行、巴克莱银行等著名国际金融机构加入了试用,并对票据交易、票据签发、票据赎回等功能进行了公开测试。与现有电子票据体系的技术支撑架构完全不同,该种类数字票据可在具备目前电子票据的所有功能和优点的基础上,进一步融合区块链技术的优势,成了一种更安全、更智能、更便捷的票据形态。

数字票据主要具有以下核心优势:一是可实现票据价值传递的去中心化。在传统票据交易中,往往需要由票据交易中心进行交易信息的转发和管理,而借助区块链技术,则可实现点对点交易,有效去除票据交易中心角色;二是能够有效防范票据市场风险,区块链由于具有不可篡改的时间戳和全网公开的特性,一旦交易完成就不会存在赖账现象,从而避免了纸票一票多卖、电票打款背书不同步的问题;三是系统的搭建、维护及数据存储可以大大降低成本,采用区块链技术框架不需要中心服务器,可以节省系统开发、接入及后期维护的成本,并且大大减少了系统中心化带来的运营风险和操作风险。

(4)银行征信管理。

目前商业银行信贷业务的开展,无论是针对企业还是个人,最基础的考虑因素是借款主体本身所具备的金融信用。商业银行将每个借款主体的信用信息及还款情况上传至央行的征信中心,需要查询时在客户授权的前提下,再从央行征信中心下载信息以供参考。这其中存在信息不完整、数据更新不及时、效率较低、使用成本高等问题。

在征信领域,区块链的优势在于可依靠程序算法自动记录信用相关信息,并存储在区块链网络的每一台计算机上,信息透明、不可篡改、使用成本低。商业银行可以用加密的形式存储并共享客户在本机构的信用信息,客户申请贷款时,贷款机构在获得授权后可通过直接调取区块链的相应信息数据直接完成征信,而不必再到央行申请征信信息查询。

(5)权益证明和交易所证券交易。

在区块链系统中,交易信息具有不可篡改性和不可抵赖性,该属性可充分应用于对权益的所有者进行确权。对于需要永久性存储的交易记录,区块链是理想的解决方案,可适用于房产所有权、车辆所有权、股权交易等场景。其中,股权证明是目前尝试应用最多的领域,股权所有者凭借私钥可证明对该股权的所有权,股权转让时通过区块链系统转让给下家,产权明晰、记录明确,整个过程也不需要有第三方的参与。

目前欧美各大金融机构和交易所纷纷开展区块链技术在证券交易方面的应用研究,探索利用区块链技术提升交易和结算效率,以区块链为蓝本打造下一代金融资产交易平台。

(6)保险管理。

随着区块链技术的发展,未来关于个人的健康状况、发生事故记录等信息可能会上传至区块链中,使保险公司在客户投保时可以更加及时、准确地获得风险信息,从而降低核保成本、提升效率。区块链的共享透明特点降低了信息不对称,还可降低逆向选择风险;而其历史可追踪的特点,则有利于减少道德风险,进而降低保险的管理难度和管理成本。

目前,英国的区块链初创公司 Edgelogic 正与 Aviva 保险公司进行合作,共同探索对珍贵宝石提供基于区块链技术的保险服务。中国的阳光保险于 2016 年 3 月 8 日采用区块链技术作为底层技术架构,推出了"阳光贝"积分,使阳光保险成为国内第一家开展区块链技术应用的金融企业。"阳光贝"积分应用中,用户在享受普通积分功能的基础上,还可以通过"发红包"的形式将积分向朋友转赠,或与其他公司发行的区块链积分进行互换。

2)智慧银行

学术界对于智慧银行尚无统一的定义。一般认为,智慧银行是基于互联网、大数据、云计算、人工智能、区块链等信息技术的运用,对传统银行的客户关系管理、产品服务设计、风险定价、投资决策等流程进行重构,以信息的高度集成化、自动化处理,实现对市场的智慧感知、智慧体察和度量,以及金融产品和服务的智慧精准营销,为客户提供随时、随地、随心的智能化服务,以及经营成本和风险的有效控制,是一种高度智能化的银行经营形态,如图3-3 所示。

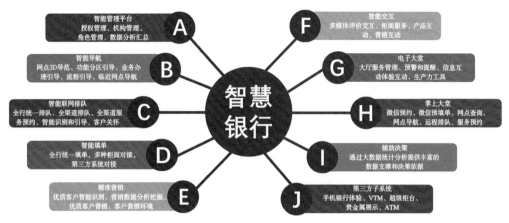

图 3-3　智慧银行系统图

（1）智慧银行基本特征。

在移动互联网普及应用的今天,商业银行的实体已经越来越模糊,逐渐发展成为一种随时随地可以获取的服务。在智慧银行中,商业银行与客户间的沟通和互动将摆脱实体的限制,通过运用互联网技术和大数据分析,深度感知客户需求偏好和行为特点,动态平衡风险与客户体验的关系,让商业银行服务更趋专业化、个性化,商业银行与客户间的互动更全面、友好、生动。

在大数据和信息系统的驱动下,商业银行各个渠道间的隔断将被打通,各渠道的服务体验将更趋一致性。尤其是通过手机等移动电子设备,打破了传统商业银行渠道的时空限制,使客户能够获得随时随地的金融和非金融服务,商业银行逐步成为"看不见"和"无处不在"的银行。

智慧银行通过构建完整的客户信息数据库,实现客户关系管理的"全景视图",对客户数据进行智能化加工分析,根据客户的风险承受能力提供合理的投融资建议,并在存续期内根据客户经营和消费情况的变化及时采取相应的措施和手段,从而有效控制风险。同时,智能化的操作还能有效避免人工操作失误的可能。目前,国外商业银行已经开始积极运用各类智能技术开展创新,中国商业银行也在进行积极的尝试,一方面利用移动互联网技术开展支付结算工具创新,如二维码支付、云闪付等;另一方面利用大数据平台开发标准化产品,应对互联网金融的竞争,如小微企业贷款、快贷等。但智慧银行发展不仅仅是技术的应用或者产品的研发,而是一项包括信息平台建设、业务流程优化、渠道资源整合、人才队伍培训等在内的复杂的系统化工程。

（2）智能银行机。

智能银行机（video/virtual teller machine，VTM）是一种通过远程视频方式来办理一些柜台业务的机电一体化设备。VTM智慧银行是以VTM自助服务设备前端为基础,集传统银行、网络银行与媒体技术集成于一体,以智能化手段和新型的思维模式来满足银行需求,提高银行服务效率和降低生产成本,其主要特征是服务社会化、业务智能化和产品多元化,提高银行的核心竞争力,促进信息科技与业务发展的高度融合,不断推动银行业务创新、服务创新、流程创新、产品创新、管理创新,增强可持续发展动力,更好地为社会公众提供丰富、安全和便捷的多样化金融服务。

目前VTM主要的工作模式分为三种。第一种为委托模式,业务信息全部由远程柜员操作录入,客户只需要做确认,优点是业务操作效率高,用户体验好;第二种是自助模式,所有业务信息均由客户自行录入,远程柜员不能操作业务,不能协助客户完成业务信息的录入和操作,只能为客户提供指导,优点是并非所有的客户都需要远程柜员指导,对远程柜员资源的占用较少,缺点是会延长平均业务办理时间,影响用户体验;第三种是协助模式,客户和远程柜员都能录入业务信息,必要时可完全由柜员输入,由客户确认提交,这种模式兼具上述两种模式的优点和缺点。

测算VTM的市场空间首先要看银行对于VTM使用的定位。一般VTM的使用主要分为三类:一是作为网点柜台的补充或是自助网点布放;二是取代柜台;三是离行式网点布放。通常认为,目前VTM布放的主要功能是对现有网点柜台的补充、分流,在获得足够的数据、确认系统稳定可靠以及拥有成熟的VTM之后,才会着手自助网点布放以及离行网点的布放。

(3)智慧银行发展展望。

传统的金融服务需要人与人面对面进行交流和沟通,但是通过使用智能移动终端等科技手段,能广泛提升服务的可触达率和覆盖率,实现智慧交互、智能感知。智慧银行已经成为银行业发展必然趋势,金融自助设备行业也进入加速洗牌阶段,具备先进理念、先发经验、自主研发能力的智慧银行综合解决方案企业,正在逐步主导市场。

以前由于技术成本过高和服务成本过高,银行无法对部分客户群体提供服务,服务缺失现象严重。现在通过云计算和大数据等科技手段,可以获取客户数字化的信息,比如个人情况、社交数据、交易记录等。通过大数据的甄别和风险计量,使缺乏信贷历史的用户也能有机会获得金融服务。

新技术的诞生,既带来效率的大幅提升,也带来成本和费用的下降,智慧银行能更好地解决信用融资中信息不对称、风险管理难的问题。未来的商业银行可以通过流程优化、技术更新、费用降低等方式降低成本,使客户获取价格合理的金融服务。

金融的核心是风险,商业银行必须不断提升风险管理的能力,只有在保证安全的前提下才可以谈体验和便捷。所以,商业银行应该积极探索运用基于大数据的实时智能风控系统从而为客户提供最安全的服务体验和最便捷的金融服务。

未来,智能网点建设将是创造超预期客户体验的重要手段。智能网点通过建立在人工智能基础上的大数据分析,构建360度全视角客户画像信息,帮助银行完成从了解客户、理解客户、洞察客户,到最终掌控客户的过程,使随时、随地的金融服务真正成为可能,实现网点由交易结算向销售服务转型步伐。银行借助新技术手段,继续发展和挖掘新的数字渠道和新的移动应用,构建更多场景化服务形态,为客户提供场景化的在线服务。另外,银行以改善用户体验为核心,继续加强线上线下渠道融合,打造全方位的银行和银行外部生态体验渠道。

依托移动互联网、大数据技术等先进技术手段,充分利用平板电脑等智能终端设备,通过推动业务与信息科技的良性互动与深度融合,整合和再造客户关系管理、产品管理、渠道管理、条线管理和风险管理等方面的服务流程,契合未来银行客户的行为习惯、商业模式和服务需求。

在"互联网＋"时代,商业银行必须加快信息技术与金融业务融合,积极推进数字化经营,才能避免在数字化浪潮中被颠覆。为实现数字化企业这一目标,有三条路径可供选择,包括营销和客户渠道的数字化、运营和流程的数字化、业务模式的数字化,但前两种模式更多的是从银行自身的渠道延伸和提高成本效率的角度来看待数字化,而第三种模式则更多的是从客户角度去看待数字化。

3) 智慧保险

近年来,人工智能不断发展,随着算法的不断成熟,人工智能推进保险业跨界融合发展技术日趋成熟。当前的保险行业正面临新的竞争规则,保险行业的客户和市场在发生着巨大变化,客户群体在变、市场环境、社会行为模式在变。基于此变化,以客户为中心的新业务模式、数据驱动客户经营、线上线下融合成为未来保险发展的三大趋势。

未来的保险,包括保险公司,不是某个渠道或某个方式的互联网,而是整个保险就是互联网化的,或者叫数字化。要做到数字化,必须做线上化,要以客户为中心做线上互联互通,要把所有相关的东西全部对接到线上化,做到线上线下的融合。同时还要生态化,做到从上游、中游到下游的全链打通,进一步贯穿数字化和线上线下融合。

从数字化的层面来讲,保险业在未来要做到为客户着想,产品量身定做,用大数据来构建全方位客户数字画像。首先要做全面数据的汇集和建设,再进一步通过 BI、AI 的应用,渗透到各个场景化的应用,包括数字化营销、核保定价、客户服务、客户留存等。

在线上化方面,保险业要做到"互联互通,无所不在"。通过构建 SAT 铁三角模式(S 社群渠道、A 移动终端、T 通信终端),在线上连接好客户渠道、客户、柜面、支持平台、合作伙伴等经营环节,各类数据流和信息流均依靠客户需求为驱动自动流转,通过这三种方式结合实现线上全渠道全链条打通。

在生态化方面,保险业做到"海纳百川,应有尽有",打造一站式客户生态圈,丰富场景,提升黏性,包括以客户的服务和体验为导向,全面贯通打造业主全生命周期,强调利用科技赋能做到一站式服务。

智慧保险通过"金融＋科技"的结合,颠覆传统的金融业务,利用科技赋能业务战略变革,未来支撑打造一个智能产险、智慧产险,开启"AI＋产险"的战略转型。

在数据的应用和智能画像方向,保险业目前应全面扩展客户风险因子,建立 AI 车主信用体系。依托车主信用,智能制定个性化定价决策,并实时动态监控调整。在保险理赔欺诈方面,推出 SNA 防欺诈,基于图数据库的理赔关系,通过大数据、算法等网络防欺诈。在农险应用方面,另保险业也在积极探索和挖掘相关的 AI 科技和场景,包括生物识别、OCR 闪录、卫星遥感测绘等技术。其中,最具亮点的是牲畜识别,通过精准识别奶牛的花纹、猪的脸部尾部等特征,可有效解决人工鉴别难的问题。基于物理空间的鹰眼系统风险数据量化平台,聚合了 140 亿地理、灾害、气象、保险大数据……

保险业还在理赔全流程环节引入创新科技,推出车险理赔爆款服务"510 极速查勘"和"AI 智能闪赔"项目,通过智能动态网格和调度引擎,10 分钟到达率 94%,80% 案件定位精度在 50 m 之内,真正做到既要"赔得快",也要"赔得爽"。可以说,在"AI +"广泛探索时代,AI 概念频出,保险业科技团队正用实实在在的成果,向外界输出成熟解决方案,见证人工智能在产险领域的新经济新动力。

未来,保险业将贯彻落实"数据、连接、生态"战略,基于以人工智能为代表的创新科技作为核心驱动,驱动产险向"数字化、线上化、生态化"转型,全面打造智慧保险,从而为客户提供更好的体验和服务。

4)证券市场

(1)证券业区块链发展现状。

2020 年是深化资本市场改革全面推进之年,对证券行业也是挑战与机遇并存的一年。中国证券业协会专业委员会 2020 年工作要点中指出:需开展证券公司数字化转型发展推动行业高质量研究,引导行业、场外市场加强数据治理,探索以区块链技术为支撑的多方数据权益保障机制;完善投行业务基础性制度,推动投资银行类业务工作底稿电子化建设、建立电子化工作底稿监管共享平台;研究推进区块链、人工智能、大数据等新技术在投行业务领域的应用研究,研究制定保荐承销机构远程工作标准。

证券行业应用区块链目前仍在探索阶段,多家券商对区块链的探索早已展开,甚至有一些已经落地的场景应用。如长城证券目前已在理财产品等业务的存在管理上应用相关技术。国泰君安、华泰证券资管、广发证券、东方证券也开始在资产证券化领域尝试实践区块链技术;国泰君安证券基于金链盟开源区块链平台 FISCO BCOS,与深证通、太平洋保险、微众银行共同构建通用存证服务;中信建投证券国际子公司和北京总部基于区块链的跨境研报共享。第一创业是一家较早探索区块链领域的券商,在目前的区块链概念股当中,第一创业是券商股,其目前在债券市场报价方面做了一些尝试。

总的来说,目前证券行业在区块链方面大多只是尝试研发,尚处于技术跟踪和探索阶段,业务场景落地也较少涉及证券核心业务。

(2)区块链在证券行业落地面临的问题。

区块链技术为去中心化应用,若应用于证券发行、交易、清算结算等核心业务,在一定程度上会弱化中介机构、交易所、证券公司的作用,造成交易各方之间的风险监测和管控难度增大。区块链的匿名性也可能造成风险发生时,难以追踪到责任承担主体,不利于法律监管。证券业是强监管行业,区块链需要监管部门来实施监管保障,辅以行业自律管理。另外,联盟链的建立一般需要权威机构或市场话语权方推动,且应场景和监管一起推进,保障链上数据的合法性及权益,否则落地困难。

证券业务环节繁琐而严谨,具有专业性强、中心化高、注重效率及安全、遵循标准流程等特性,并接受全面监管。证券行业参与主体众多,从发行人、证券公司或经纪商、投资者等,到市场监督机构、服务机构,其各自独立维护数据账本,互不共享,透明度低。在此背景下,证券行业的 IT 系统应用也偏好中心化、复杂但安全,依托于身份验证的信任机制。区块链作为创新型应用,在面临传统网络及系统安全以外,技术使用带来的智能合约相关风险、链上链下数据协同、数据治理复杂度提高、应用系统改造较大等问题,也让券商对将区块链应用于核心业务时持非常谨慎的态度。

(3) 国外证券业应用区块链技术的状况。

全美证券托管结算公司(DTCC)于 2016 年 1 月发布了区块链白皮书《拥抱颠覆——探索分布式总账潜力、改善交易后环境》一书,后于 2016 年 3 月召开全球研讨会,研究区块链及分布式记账对金融基础设施与金融行业的影响。纳斯达克于 2015 年 10 月率先推出区块链技术产品 Linq,随后澳大利亚证券交易所(ASX)、伦敦证券交易所(LSE)、迪拜多种商品交易中心(DMCC)、日本交易所集团(JPX)等也关注区块链。2015 年 12 月美国证券交易委员会(SEC)批准在线零售巨头 Overstock 通过比特币区块链发行自己股票的计划。国际跨境支付清算巨头 SWIFT 于 2016 年 5 月发布《区块链对证券交易流程的影响及潜力》报告,提出金融行业应该采取有适当访问权限的联盟式区块链形式,区块链首先会在没有中央托管的领域推广应用,而在中央托管的公开市场中规模化应用则会相对滞后,在一定行业中应用区块链技术可能涉及制度的改造问题;欧洲证券及市场管理局(ESMA)密切关注区块链技术及其应用的发展,做好调整业界的研究和案例表明,区块链技术可使证券交易流程变得更加公开、透明和富有效率。通过开放、共享、分布式的网络系统构造参与证券交易的节点,使得原本高度依赖中介的传统交易模式变为分散、自治、安全、高效的点对点网络交易模式,这种革命性的交易模式不仅能大幅度减少证券交易成本和提高市场运转的效率,而且还能减少暗箱操作与内幕交易等违规行为,有利于证券发行者和监管部门维护市场秩序。从全球范围来看,各大证券交易所纷纷着手搭建区块链平台,探索区块链应用,从纳斯达克的 Linq 平台第一笔交易实现,到纽约证交所、澳大利亚证券交易所的区块链公司高额投资,包括俄罗斯中央证券存管机构的区块链资产交易和转移的金融合作项目、韩国证交所的区块链柜台交易平台研发等。高盛有报告显示,区块链技术在美国证券交易中将能每年节省 20 亿美元成本,从全球范围来看,假设成本和股市市值成比例,那么每年节省的成本可能超过 60 亿美元。

与传统的交易账本只由第三方中介机构掌握不同,区块链本质是一个共享式分类账,它允许所有市场参与者拥有交易账本副本,实时掌握并验证账本内容,共同维护账本的真实性和完整性,提高了证券交易系统的透明度和可追责性,并有效规避金融欺诈等现象。区块链技术在证券市场中的应用存在巨大潜力,证券市场的各个领域,包括证券的发行与交易、清算结算、股东投票、司法监管等都可以实现与区块链技术的无缝对接,带来一系列潜在优势,包括提高效率、缩短处理时间、加大透明度、降低成本和确保安全。

3.1.4 食品安全

中国食品行业发展虽快,但在发展过程中食品安全问题层出不穷,威胁着广大人民群众的身体健康。苏丹红工业添加剂事件、三聚氰胺事件、瘦肉精事件、地沟油事件、金华敌敌畏火腿事件、毒黄花菜事件等重大食品安全问题为人们敲响了警钟,食品安全关系到人们身体健康和生命安全,关系着国家的发展和社会的长治久安。因此,必须要严肃处理食品安全问题,创造一个放心的食品安全市场。

我国食品安全问题主要有以下三个特点:市场上出现越来越多的问题食品,已严重威胁到人们的身体健康,过去我国的问题食品仅出现在米面粮油肉蛋禽、蔬菜水产品豆制品等中,如今的水果、酒、干货、奶制品和炒货等也都成了问题食品的重点各类,问题食品涉及面越来越广;问题食品不仅限于过期、变质,还有细菌总数超标,农药、化肥、化学药品残留等新问题,其危害程度越来越严重,威胁着人们的身体健康和生命安全;一些缺乏道德和良心的制造商为赚钱,生产各种有毒有害食品,且其制假的手法花样翻新、五花八门。分析我国食品安全问题现状,导致食品安全问题的原因主要有政府监管缺位、消费者缺乏维权意识和法律保障体系不健全等。

利用物联网感知等技术信息化系统平台建设打造食品安全监管和信息服务平台,监管者和消费者可通过平台实现食品生产经营企业的信息化监管、食品安全溯源,进而实现食品的全生命周期(从土壤、水、农药、化肥、种子以及加工过程的管理)监控和管理,保障食品从生产直到餐桌上都是安全的,强调建立食品追溯系统,科学解决智慧城市建设中的城市公共安全问题让老百姓放心。

(1)食品溯源体系的建立。

依托物联网相关信息技术建立,由政府主导推动建立食品溯源体系。企业利用平台对产品生成追溯二维码,实现"一物一码",为每个食品建立一张"身份证",用于采集食品仓储过程中的环境指标、进出档案、物流信息,保证食品原辅料来源可查、生产过程可控、销售去向可追。

(2)食品溯源体系的作用。

企业通过平台生成二维码,使用 PDA 扫描同步完成物料管理及追溯数据上传,实现了信息上传便捷化,数据信息真实可查,生产、仓储和流向实时追踪,智能预警等功能,提高企业管理效率、降低运营成本、提升企业效益,确保食品安全可控,如图 3-4 所示。

市场监管部门的系统平台可通过对接企业全过程信息追溯平台(图 3-5),实现数据归集共享、信息互通准确,强化数据分析和呈现,总结数据规律,监管情况一目了然、高风险企业一眼定位,在数据整合基础上形成动态的"一企一档",节约行政资源,提高监管效率,便于监管部门随时进行检查。

消费者购买食品可以通过扫描标签上的二维码进行产品溯源查询,生产企业资质、原辅料采购、生产过程、出厂检验报告等信息一目了然,能够提升消费者对食品安全的感知度、参与度和满意度,形成企业自觉、全民监督、社会共治的良好局面。

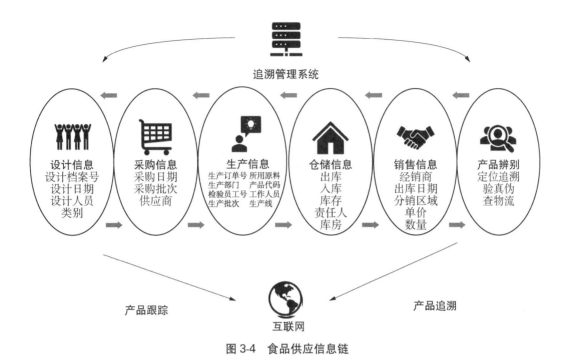

图 3-4　食品供应信息链

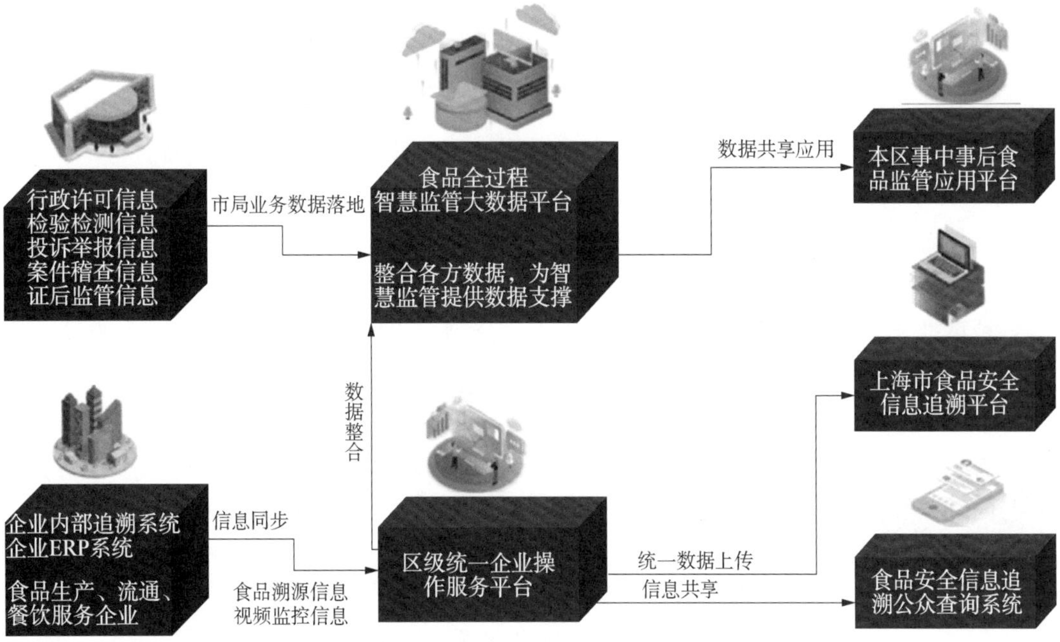

图 3-5　食品供应链的溯源平台

（3）食品溯源体系的推广。

追溯系统率先在食品生产企业推广食品智能化追溯体系，逐渐推广至农业领域。区块链在农业上的应用很广泛，例如区块链在养鸡领域应用的例子，农场主在每只鸡的脚上挂鸡牌，就是一个收集鸡在全生存周期各方面生命体征和运动信息的存储卡。由于应用区块链技术，鸡牌具有唯一不可复制性，因为在鸡交付到消费者手中前鸡牌不可被摘下，一旦被摘下就会断电并中断记录，而一个有效的记录必须是连续完整的，这就保证这只鸡的所有信息是完整并且真实的。消费者购买时只要扫鸡牌上的二维码就可以看到此鸡的所有信息，比如看每天的步数来判断是放养鸡还是圈养鸡，以及是否生过病等等。这样虽然养鸡成本变大，但通过"精品鸡"这一概念提高价格可以解决这一问题，并消费市场反应良好。

目前普遍存在信任危机，尤其是在食品行业，市场缺陷的存在，也正好促进溯源市场的改变和升级。区块链技术的应用就是解决信任危机的有效方式，它的一大特质是去信任，既然信任难以实现，就让任何交易都在规则下进行，此规则将消除所有的信息不对称，保障交易平等，又很好地保护交易人隐私。

3.2　区块链在智慧城市民生建设中的实践案例

智慧城市建设被纳入《国民经济与社会发展"十三五"规划》以后发展迅速，除了北上广深杭等领跑城市之外，更多的城市加入智慧城市规划建设中来。目前智慧城市建设已经从城市在某项智能、某个领域的尝试，升级到城市建设的顶层设计理念。在这一进程中信息技术、区块链技术等新技术的应用，不断助力智慧城市建设实现突破性的创新。

1）北京海淀区通过区块链技术重塑二手房交易服务体系

北京海淀区推出"不动产登记＋用电过户"同步办理的新举措，让市民和企业办理不动产登记时，可以一并办理用电过户，省时又省力。在以二手房交易为主题的事项办理中，整合各种审批办理环节，实现不动产登记和用电过户服务的联动办理，极大地提升群众办事的便利度，提高政务服务效能。

2）上海建设"上海市大宗商品区块链供应链金融应用示范项目"

这个项目是由同济大学区块链团队提供项目底层链技术支持和服务，中国宝武钢铁集团与同济大学、上海银行合作建设的。该供应链金融平台利用区块链等创新技术支撑实体经济，解决中小企业融资难题。项目应用了梧桐链平台，主要针对企业、机构的区块链应用场景开发的联盟链区块链系统平台。

3）深圳试运行央行设立的"粤港澳大湾区贸易金融区块链平台"

该平台由中国人民银行推动搭建，在深圳正式上线试运行，企业可以在平台上进行包括应收账款、贸易融资等多种场景的贸易和融资活动，有效降低中小微企业的融资成本。从运营结果看，区块链平台有望将企业融资成本降到6%以下，同时提高中小企业获取贷款的效率,将原先线下十几天才能完成的贸易融资缩短到 20 多分钟。

4)数据侧链的供应链金融

这是国家电网基于数据侧链的供应链金融数据共享平台。制造企业的资金回笼时间比较长,国家电网大数据中心作为国网物资数据托管方,提供供应链金融数据在隐私保护下有条件可信共享服务,帮助入链中小供应商盘活应收账款,降低融资成本,增加金融机构财务收益。这个平台已经在浙江一些企业发挥了作用。

第 4 章

区块链在智慧城市产业发展中的应用

产业是社会的根本,产业的发展和进步也是人类社会发展和进步的重要标志,技术的重大进步的价值也只有在产业应用中得到体现,区块链作为网络技术的重大进步也不例外地要在产业发展中得到应用。目前区块链技术在新零售、现代供应链、物联网和产品溯源方面应用较成熟,但在工农业生产过程中的应用和对工农业生产的进步影响尚在起步阶段,还有很大的进步空间。

本章主要介绍了智慧物联网、智慧供应链、智慧物流的发展现状、未来发展方向,以及对工农业生产和人们生活产生的深刻影响。

4.1 区块链在智慧城市产业发展中的分类与现状

4.1.1 实体经济领域

目前区块链技术已开始在实体经济的很多领域实现落地应用。区块链具有的分布式、不可篡改、可追溯等特性,在实体经济的改革和创新中已经开始了广泛的探索并取得初步成效,区块链在实体经济产业场景中落地的模式和逻辑也日益清晰。下面将从产品溯源、版权、数字身份等领域介绍区块链在实体经济中应用场景及落地情况。

1)产品溯源

溯源是指对农产品、工业品等商品的生产、加工、运输、流通、销售等环节的追踪记录,通过产业链上下游的各方广泛参与来实现。在全球范围内,溯源服务应用得最为广泛的领域是食品和药品溯源,这在保障食品安全、疾病防护等方面具有重要意义。例如在地方爆发突发性疾病时,通过食品追溯体系可以快速锁定传染源或污染源,及时消除或控制疾病传播源。

目前中国溯源产业仍处于早期发展阶段,主要受到国家政策驱动。2015 年《国务院办公厅关于加快推进重要产品追溯体系建设的意见》鼓励在食用农产品、食品、药品、农业生产资料、特种设备、危险品、稀土产品等七个领域发展追溯服务产业,支持社会力量和资本投入追溯体系建设,培育创新创业新领域。

由于溯源行业尚处于早期发展阶段,行业内信任缺失和滥用的情况十分普遍。信息孤岛模式下,溯源链条上下游的参与者各自维护一份账本,拥有者可能出于利益相关而随意地对账本进行篡改或集中事后编造,造假成本极低。区块链不可篡改、分布式存储等技术为溯源行业的信任缺失提供了解决方案,从算法层面为商品的信息流、物流和资金流提供透明机制。通过供应链上下游多方上链的记账方式,保证了即便存在单方账本伪造情况也难以找到全部链条节点来协作拟合其造假数据,使得造假成本大幅上升。此外,在商业的实际应用场景中使用区块链溯源技术能够为品牌背书,为企业带来额外收益,增强企业竞争力。

近几年,国内外积极探索区块链在溯源防伪、物流、供应链管理等场景中的应用,区块链技术正逐渐向传统供应链业务中渗透。

中国食品链联盟是由食品生产、食品加工、物流配送、公益事业和区块链研发等企事业单位及有关机构自愿组成的以"区块链为核心技术、食品服务为发展导向"的联盟组织。中国食品链基于区块链技术,从产品种植、生产、加工、包装、运输和销售等全流程进行追溯,并对企业和用户进行实名认证,一旦发现诈骗或者假冒商品,执法部门可以直接定位、取证、追责。

2）物流管理

利用区块链技术对产品溯源也能够优化物流管理环节，提升物流效率。物流是指从供应地向接收地的实体流动过程，根据实际需要，将加工、包装、配送、装卸、运输、储存、信息处理等功能实现有机结合。评价物流的效果指标主要包括保证运输物品品质、提升运输效率、节约物流成本。

中国物流行业具有市场规模巨大、格局高度分散、物流效率低下的特点。中国物流行业是十万亿级别市场，而且正处于稳定上升期。管理不规范与信息不透明是物流行业效率低下的主要原因。物流行业缺乏统一的运输标准，中小物流企业缺乏有效的供应链管理手段，这导致货主和货车供需需求没有良好匹配、空车运输、多次转运、无效运输等情况十分常见，造成了极大的资源浪费。传统供应链管理采用的 GPS 追踪系统存在信息造假和纬度不准确等问题。

利用区块链进行供应链管理则能够解决信息孤岛问题。通过增强信息化程度加强供应链上下游沟通，优化物流行业效率，同时品牌方也可实时查看运输状态，降低信任和管理成本。区块链的去中心化与供应链的多方协作十分契合，物流信息被存储在分布式账本中，信息公开透明可追溯，减少了低效缓慢和人为失误，同时也为企业优化物流管理提供了可信数据支撑。

传统物流管理不到位造成的代收、错收、物品丢失等现象十分普遍且尚没有良好的解决方案。区块链的不对称加密技术可以保证寄件方和收件方的身份真实性，只有在收件方提供私钥后，物品方能被确认签收，避免了他人代签、不送到收件人手上、物品损坏丢失无法追责的可能性，实现精准物流管理。此外，也能避免物流公司篡改数据，销毁证据，为公平有效判定事故责任提供重要基础。

3）版权保护与交易

版权是指作者对计算机程序、文学著作、音乐影视作品等的复制权利的合法所有权。版权是知识产权的重要组成部分之一，包含自然科学、社会科学以及文学、音乐、戏剧、绘画、雕塑、摄影、图片和电影摄影等多个领域的作品。随着中国数字出版产业的迅速繁荣，尽管国家先后出台知识产权保护的政策与法律法规，但盗版侵权现象仍屡禁不止，盗版作品为产权方带来巨大经济损失。

区块链与数字版权保护能够完美地结合，解决盗版横行的现状。首先在确权环节，现有机制下的专利申请流程耗时长、效率低下。区块链的分布式账本和时间戳技术使全网对知识产权所属权迅速达成共识成为可能，理论上可实现及时确权。不对称加密技术保证了版权的唯一性，时间戳技术保证了版权归属方，版权主可以方便快捷地完成确权这一流程，解决了传统确权机制低效的问题。

版权内容的价值流通体现在用权环节。版权交易指作品版权中全部或部分经济权利，通过版权许可或版权转让的方式，以获取相应经济收入的交易行为。版权交易环节不仅保护了版权作品的价值和版权创作人的权益，还使版权价值凭借专业机构的开发推广、衍生和应用实现了价值流通。

　　版权交易环节面临需求难以匹配,中间成本高的问题。以影视音乐行业为例,位于中间渠道的发行商在整个行业中占有很大话语权,例如音乐作品若想投入市场必须通过唱片协议并依靠唱片公司来录制、分发,且被发行商分走大部分作品销售的利润。互联网数字媒体领域涌现了新的中间渠道——内容平台,音乐平台 Spotify 和流媒体视频内容提供商 Netflix 等娱乐内容平台拥有大量用户,成为新的版权分销商,负责收取用户订阅费和广告费以及给创作人分成。中心化平台的存在使得艺人和创作者获得的分成比例仍然较低,现有格局并未发生本质化的改变。区块链技术的出现则为行业带来转机。通过提供区块链公共平台来存储交易记录,版权方能够对版权内容进行加密,通过智能合约执行版权的交易流程,这个过程在条件触发时自动完成,无需中间商的介入就可以解决版权内容访问、分发和获利环节的问题,将版权交易环节透明化的同时也能帮助创造者获取最大收入。版权区块链系统可采用联盟链形式高效地处理各种数字作品品类(文字、图片、视频等)的版权业务,具备更加高效的业务数据吞吐能力,可达到实时业务处理的水平,使海量的互联网创作及时、低成本确权、快速交易流通成为可能。版权区块链通过和 CA 数字认证服务、国家授时中心可信时间服务、司法鉴定中心等具有公信力的机构接入,提高了版权权属和授权的法律效力。如发生版权纠纷,相关机构或个人可以在任意区块链节点提取多个公信机构的多种证据证明,优化举证维权环节。基于区块链的版权存证服务为海量数字内容版权存证提供解决方案。版权区块链先通过对内容的数字摘要的计算和数字指纹提取上链,保证了内容的完整性与原创性;然后使用国家认可的数字证书机构颁发的证书提供数字签名,结合国家授时中心可信时间实现数字作品的存在性证明、权属证明、授权证明和侵权证据固定。区块链系统参与者采用完全的实名数字身份认证机制,并结合可信时间服务保证了作品的权属与存在时间。版权区块链将用户的整个创作过程完整记录,在需要的时候可以作为法律证据提交,提升了原创性证明的法律证明力。

　　在版权维权环节,现在面临着维权成本高、侵权者难以追溯等问题。借助区块链的不对称加密和时间戳技术,版权归属和交易环节清晰可追溯,版权方能够第一时间确权或找到侵权主体,为维权阶段举证。未来,如果数字产品都能够被记录上链,建立完整数字版权产品库,将能降低维权和清除盗版产品的成本。例如,基于区块链技术对接版权中心、公证处和版权协会等组织构建版权链平台,给个人和企业提供版权端到端服务,推动企业提高工作和业务效率。

　　4)电子证据存证

　　电子证据是指以数字形式存储的证据信息,例如电子合同、电子发票、电子文章、电子邮件等。区块链因其本身具备不可篡改、可追溯特征,极适合与电子存证相结合,存证也因此成为区块链应用的典型场景之一。

　　区块链技术在电子证据领域主要有两个应用优势:安全存证和提高取证效率。传统电子证据被存储在自有服务器或云服务器中,文件在备份、传输等过程中容易受损,导致证据不完整或遭到破坏。此外,除了加盖电子签名的电子合同具有不可篡改性,其他形式的数据和证据在被传输到云服务器的过程均有遭受攻击和篡改的风险,降低了电子证据可信度。利用区块链技术存储电子证据可有效解决传统存证面临的安全问题。在电子证据生成时被赋予时间戳,电子证据存储固定时通过比对哈希值来验证数据完整性,在传输过程中采用不对称加密技术对电子证据进行加密保障传输安全,充分保障了证据的真实性和安全性。

5)财务管理

区块链的不可篡改、加密等特性使得它在财务管理领域有较好的应用场景,比如账目管理和审计。

凭证和账目管理对账是指为了保证账簿记录的准确性而进行的账项核对工作,包括账证核对、账账核对、账实核对等。传统对账工作账目数量大、类别繁琐,对账流程需耗费人力物力,企业需要投入大量资金存储数据和维护账本系统。尤其对机构间对账来说,账目信息随着时间一直改变,而对账行为则通常在日终或月底等固定时间进行,这为机构间合作带来了流动性管理的难度。另一方面,对账双方需要各自开发对账系统,缺乏统一的系统间账务信息,增加了银行间合作的复杂性。区块链与分布式账本技术成为合作机构之间的连接器,由于其实时确认、数据不可篡改且保持高度一致等特性,极大地提高了中后台的运营效率、提升了流程自动化程度,并降低了经营成本。

审计是由专设机关(国家审计机关、会计师事务所及其人员等)依照法律对国家各级政府及金融机构、企事业组织的重大项目和财务收支进行事前、事后审查的独立性经济监督活动。审计通过评价财政和财务收支的真实性、合法性以及效益性,能够对企业管理和发展起到监督和改进的作用。区块链技术的分布式存储、共识机制等技术使得它在以下几方面能够优化传统审计行业。

首先,区块链能提高对企业财务信息的监督水平。虚假交易和账目欺诈是审计重点排查的问题之一,使用区块链记录交易和账目信息,录入链上的数据无法被篡改,且数据库的修改需要整个系统中多数节点确认才能实现,使得财务数据造假和欺诈难度大幅提升。

其次,区块链技术可以提高审计效率。一方面,通过区块链网络获取审计需求信息更加便捷容易,如果企业能够在区块链开放 API 数据接口,使审计请求实现分钟级甚至秒级响应,能够节省大量信息收集和整理时间,从而提高审计效率;同时,基于区块链的加密算法也解除了企业对数据隐私的担忧。另一方面,区块链技术的共识机制使所有数据在第一时间得到共同确认,保障数据的及时性和准确性。区块链审计平台也能够大幅提升数据真实性和完整度,省去大量询问和函证程序,从而提高审计效率,节约人力成本。

第三,区块链能显著降低审计数据被攻击的风险。传统的审计资料被存储在中心化的云服务器上,极易受到黑客攻击,导致文件丢失或者数据被篡改。通过区块链技术将数据分布式存储,多个节点备份数据,即便单个节点遭到黑客攻击,也不会影响数据在全网的共识状态。并且,分布式存储还能降低硬件维护成本和数据库软件升级成本。

6)精准营销

数据营销是互联网和大数据时代的新型广告营销模式,包括搜索引擎广告、社交平台广告、视频平台广告和其他网站或应用平台广告等形式,其产业链上下游包括广告主、第三方广告平台、互联网媒体等。

目前,中国广告市场规模位于世界第二,正处于稳定增长期。国家工商总局数据显示,中国数字营销市场规模不断增长,这主要由移动互联网在中国快速发展所驱动。但数字营销行业常年存在虚假流量和广告欺诈等现象,导致广告主和广告代理商之间信任缺失。广告监测机构 AdMaster 在 2017 年指出,上半年无效流量占比为 29.6%,其中包括虚假流量和广告欺诈。传统监测无效流量有两种方法:依赖第三方的监测报告来鉴定投放效果;通过深入分析广告各指标数据,排除掺水数据,然而排查和分析数据的过程需要消耗大量人力物力。

区块链可以使广告点击数据变得更加透明,不再依赖第三方监测。区块链允许广告主清晰地追踪广告点击、观看和转化率等信息,并准确地判断广告触达用户是不是目标群体。这解决了数据营销行业的信任问题,使每一笔广告预算的花费公开透明,大幅节约企业营销成本,解决了广告行业虚假流量的问题。

传统广告行业的另一个痛点是用户数据收集问题。广告主通常需要从各种渠道收集消费者的信息(例如年龄、地域、收入等)来精准定位目标客户。传统的数据收集需要耗费大量金钱和资源投入,获得的数据种类有限且很有可能存在偏差甚至错误。而且,数据的采集渠道和方式可能侵犯了用户的隐私权。区块链可以很好地解决这一困境。通过搭建区块链数据交易平台,广告主能直接从用户处收集他们愿意分享的信息,数据维度更加丰富、信息来源真实可靠、用户画像更加立体,帮助广告主提高广告投放转化率。对于用户来说,分享数据的行为可以获得奖励,并且自身的隐私权也能得到保护。

从长期来看,区块链将彻底改变数字营销行业的利益分配模式。传统数字营销行业中,中心化广告平台能够通过用户流量与数据获得巨额广告营收。然而对用户而言,广告消费了用户的注意力,或为广告主带来流量和价值,或需要用户付出时间成本(漫长的广告等待时间),或需要用户付出金钱成本(需要付费去除广告等)。区块链的 Token 激励机制颠覆现有营销行业,鼓励用户主动点击广告并获得收益,促使营销行业利益分配回归合理。现有状况下,奖励机制的缺失使用户对广告持有抵触心理,而如果对用户的广告点击行为进行 Token 奖励,一方面广告观看不再强制,减轻用户的抵触心理,提升用户体验;另一方面注意力消费的收益也由平台回归用户,变革数字营销行业的生产关系。

7) 大数据交易

大数据是指大量、高速、多变的信息数据,这些数据必须借助计算机和非常规软件进行分析和统计。大数据包含传统意义上的数据表单以及视频、声音图片和文档等。

近年来随着大数据产业发展,大数据交易的价值愈发凸显。大数据的丰富为深入应用场景带来无限可能,是企业的核心竞争壁垒。大数据交易包含数据资源确权、开放、流通和交易等相关环节。数据的流通交易有助于商家精准营销,可用于定制生产,高效匹配供应链两端。

大数据按照数据形态可分为静态数据和动态数据。静态数据是基本保持稳定的数据,比如公司的名称和注册信息、人员的出生日期、系统参数等。相对地，动态数据是随着时间的推移常常变化的数据，比如销售额数据、网页浏览量等。

传统静态数据交易涉及隐私问题。诸如个人信息等静态数据往往涉及用户的隐私，目前很多数据交易在法律上属于灰色地带，买卖双方均要承担很大监管风险。此外，如果数据流入黑市中被层层转卖，会造成更严重的隐私泄露和信息滥用的问题。

如果能使用区块链的隔离验证技术，将法律上可以售卖的数据进行隔离验证处理，既可以保障数据需求方的合法用途，又可以最大限度保护用户隐私。例如，对用户名字、身份证号等信息利用哈希算法加密，通过隔离验证来保障数据真实性。

另一方面，数据被盗卖的风险让数据拥有者分享数据的意愿大幅降低。数据的可复制性为数据侵权行为带来便利。大数据在多次转卖、盗卖的过程中价值锐减，损害了数据所有者的权益，同时也制约了大数据交易市场的规模和增速。

现有技术无法保证售卖数据不被复制以及二次传播，但利用区块链对数据溯源能够确认数据所有权和流转渠道，为侵权投诉阶段提供举证材料，提供更加可信的大数据交易环境。

8）数字身份

随着互联网的迅速发展，数字身份在各行各业中的应用变得越来越普遍。数字身份是计算机系统用于代表一个外部代理的实体信息，该实体可以是个人、企业或者政府等。通常，数字身份以存储在计算机中的人员信息与他们的社会身份相关联的方式使用。数字身份现常被用于代表一个人在线活动所产生的全部信息，并且这些信息可以被他人用来发现该人的公民身份，包括用户名和密码、在线搜索活动、出生日期、购买历史等。通俗地讲，数字身份是互联网场景中用于确认"你是谁"的一系列特征的组合。数字身份能为互联网提供更良好的信任环境，是全球金融交易数字化的重要基础。

然而，数字身份在实际应用中存在以下难点：数字身份缺乏良好的信任环境，难以精确地确认是谁在网络上发出请求/做出行动。由于存在账户被盗用或多人操作同一个账户的情况，我们无法仅通过账号密码登录来确认这个行为背后的主体。

在数字身份验证环节，区块链技术能够大幅提升数字身份的可信度。个人数字身份信息分布存储在不同节点上，数据源记录不可被篡改。除非区块链网络达成一致的更改意见，否则区块链上实体的当前状态不能更改，保证了现有信息状态是实体身份的有效代表。另外，数字身份对应的实体持有私钥，授权过程中可以通过验证密钥来确定数字身份的真实性。

数字身份实际应用中面临的另一个问题是个人隐私与数据主权。例如，个体在各个网站填写个人信息建立数字身份时，数据被重复存储在各个网站中，一方面造成了资源浪费，另一方面使个人隐私无法得到保障。在上述情况下，个人信息数据被存储在第三方网站中而非属于个人，存在数据被滥用、盗用的可能性。

区块链可以解决数字身份中的数据主权与隐私问题。在验证环节，利用不对称加密技术，验证请求方无需原始数据，仅通过比对数字身份的哈希值即可完成身份验证，消除了个人隐私泄露的风险。此外,区块链可以消除由单方使用虚假信息的可能性,例如地址信息、电话号码等。这有助于防止身份盗用,消除了个人数字身份在不同场景使用时信息不一致的风险。

4.1.2　智慧物联网

1) 中国物联网的发展

物联网是指物物相连的互联网,它以计算机互联网技术为基础,通过射频设备、通信模组和智能芯片等技术实现物品自动识别和信息共享。物联网通过无线传输系统对物体信息进行数据采集、传输,形成大数据分析系统,可广泛应用在智能电网、智能家居、智慧交通、智能制造等多个物联网领域。

物联网是继计算机、互联网与移动通信网之后的又一次信息产业浪潮。自 2015 年以来国家相继推出《中国制造 2025》《"互联网 + "行动指导意见》《智能制造工程实施指南》等政策,提出利用物联网等技术,推动跨地域、跨类型交通信息的互联互通,积极推广物联网在车联网等领域的智能化技术应用。在政策、技术双驱动的情况下,物联网成了企业发展新动能。华为、联想、中兴等科技公司都将物联网作为主要战略方向之一。

目前,中国物联网已初步形成了完整的产业体系,具备了一定的技术、产业和应用基础,在中央系列顶层设计和各地各部门的不懈努力下,中国物联网发展取得了显著成效,物联网在行业领域的应用逐步广泛深入,在公共市场的应用开始显现,机器与机器通信(M2M)、车联网、智能电网是近两年全球发展较快的重点应用领域。

此外,传统物联网设备极易遭受攻击,数据易受损失且维护费用高昂。物联网设备信息安全风险问题包括固件版本过低、缺少安全补丁、存在权限漏洞等等。区块链的全网节点验证的共识机制、不对称加密技术以及数据分布式存储将大幅降低黑客攻击的风险。例如,众享互联与克莱沃合作提出分布式物联网安全解决方案——分布式智能配电信息安全系统(DIPS),由管理软件、安全加固型电源分配单元(PDU)和网络安全控制器构成。该系统采用安全通信协议、动态加密隧道、多分片随机传输和双因子验证等技术手段,可以解决物联网架构络层中数据网关到中心/管理中心的数据传输安全问题。DIPS 通过分布式网络技术和加密技术重构管理端与 PDU 的通信通道,保护管理端与 PDU 的通信不被窃听、拦截和篡改,保证通信安全。在信息加密方面,通信双方通信前需要由 Zebra 节点云验证身份后建立通信关系,并基于 channelid 管理通信道,channelid 会定期更换。随后,命令信息经由接收方的公钥加密并利用自己的私钥和 channelid 双重签名后发送。Zebra-Zebra节点云验证 channelid 签名,接收方验证发送方的签名后再解密命令消息。在传输过程方面,数据信息随机经由不同的节点在动态可变的路径中传输,降低了被攻击的风险。

智慧物联网(intelligent internet of things,AI + IoT = AIoT),是面向物联网的后端处理以及应用方面而提出的概念,同时 5G 技术和人工智能技术的发展促成了智慧物联网发展的基础。在这个超级网络中,物品间通过数据能够彼此进行"交流"而无需人的干预,进而实现万物互联,无限量地提高劳动的质量及效率,创造出更加美好的人类生活。

2）物联网设备通信

互联网以 TCP/IP 有线网络为主要数据传输载体，而物联网的信息传输则更多依赖于无线传输网络技术，包括短距离无线通信（RFID 和 Mesh）、长距离无线通信（GSM 和各种CDMA 通信）、短距离有线通信、长距离有线通信等四大通信网络群，如图 4-1 所示。短距离无线通信网包括 10 多种已存在的短距离无线通信标准网络（如 ZigBee、蓝牙、RFID 等）以及组合形成的 Mesh 无线网；长距离无线通信网包括 GPRS/CDMA、3G、4G 和 5G 等蜂窝网及长距离 GPS 通信网；短距离有线通信网主要依赖 10 多种现场总线（如 ModBus、DeviceNet 等）标准，以及 PLC（可编程序控制器）电力线载波等网络；长距离有线通信网。它支持 IP 协议的网络，包括三网融合（计算机网，有线广播电视网和电信网）以及国家电网的通信网。物联网四大支柱产业群与四大通信网络层的关联度可看到：感知层数据短距离传输，一般都采用短距离无线通信网；网络层数据长距离传输可采用长距离无线通信网或长距离有线通信网。

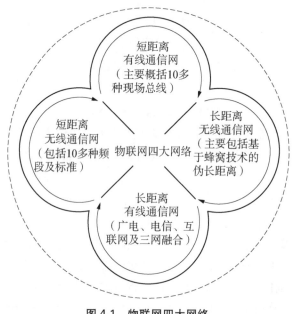

图 4-1 物联网四大网络

3）物联网网络信息安全问题

从 1995 年比尔·盖茨首次提及物联网概念到今天，物联网已成为新一代信息通信技术发展的典型代表，在经历了概念炒作阶段后，目前已进入到全面实践应用的新阶段，深刻改变着传统产业形态和人类生产生活方式。然而，随着近年来物联网安全攻击事件日益频发，对用户隐私、基础网络环境的安全冲击影响也越来越突出。

在智慧城市领域，2014 年西班牙三大主要供电服务商超过 30% 的智能电表被检测发现存在严重安全漏洞，入侵者可利用该漏洞进行电费欺诈，甚至关闭电路系统。

在医疗健康领域，早在 2007 年时任美国副总统迪克·切尼心脏病发作，调查部门怀疑缘于他的心脏除颤器无线连接功能遭暗杀者利用,这被视为物联网攻击造成人身伤害的可能案例之一。

在工业物联网领域,安全攻击事件则危害更大,2018 年台积电生产基地被攻击事件、2017 年的勒索病毒事件、2015 年的乌克兰大规模停电事件都使目标工业联网设备与系统遭受重创。

2015 至今国内外发生多起智能玩具、智能手表等漏洞攻击事件,超百万家庭和儿童信息、对话录音信息、行动轨迹信息等被泄露。2017 年 7 月美国某公司自动售货机遭黑客攻击,被窃取了数十万用户信用卡账户以及生物特征识别数据等个人信息。我国某安防公司制造的物联网摄像头被爆出多个漏洞,黑客可使用默认凭证登录设备访问摄像头的实时画面。

国际数据公司 IDC 报告显示,2020 年全球物联网设备将有 200～250 亿台。海量用户隐私数据被庞大的物联网设备所承载记录,其安全风险系数也被极具放大。近年来举办的多个安全大会都对物联网安全高度关注。在 RSA 2018 安全大会上,诸多关于物联网安全漏洞的讨论被提及,特别是物联网终端设备或智能家居产品。

4）区块链在物联网中的应用

当前,物联网产业进入井喷期,连接空间不断扩充,产业发展呈现出"面向行业,以 IoT 平台使能为基础,寻求 SaaS 服务与数据变现"的态势,具有巨大的发展潜力。然而现阶段物联网产业发展仍面临诸多挑战,主要表现在面对日益增多的物联网需求,如何提升传统物联网产业能力,确保数据的隐私性、安全性、连续性及交互兼容性。

传统物联网产业通常采用建立集中或分布式使能服务平台,连接能力需求及提供方的服务模式。其中,集中式是指物联网服务集中在一个位置(比如某个数据中心)进行中心化的部署和执行;而分布式是指相关平台可部署在多个位置,并可分层管理和服务,但依旧遵循某些中心化原则,如图 4-2 所示。

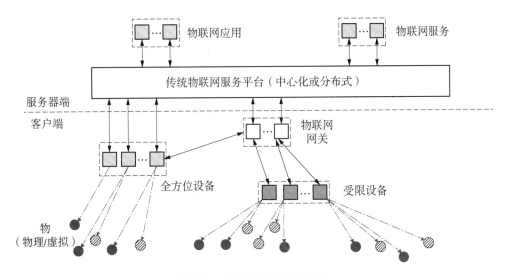

图 4-2　传统物联网服务模式

　　随着全球物联网中设备数量的急剧上升，服务需求不断增加，传统物联网服务模式面临巨大挑战，主要体现在数据中心基础设施建设与维护投入成本的大幅提升，以及相关物联网服务平台存在安全隐患和性能瓶颈问题。

　　为解决上述问题，不少企业或机构开始尝试设计各种新型物联网服务模式，而使用 P2P 技术和区块链技术来搭建去中心化的物联网服务平台已成为其中重要的模式之一。

　　区块链技术支持设备扩展，可用于构建高效、安全的分布式物联网网络，以及部署海量设备网络中运行的数据密集型应用；可为物联网提供信任机制，保证所有权、交易等记录的可信性、可靠性及透明性；同时还可为用户隐私提供保障机制，从而有效解决物联网发展面临的大数据管理、信任、安全和隐私等问题，推进物联网向更加灵活化、智能化的高级形态演进，如图 4-3 所示。

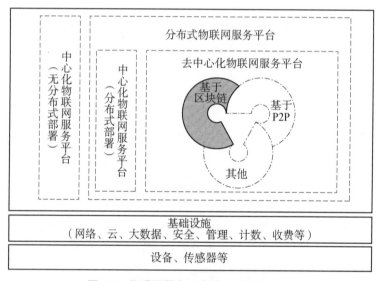

图 4-3　物联网服务平台的多种服务模式

　　使用区块链技术构建物联网服务平台（图 4-4），可去中心化地将各类物联网相关的设备、网关、能力系统、应用及服务等有效连接融合，促进其相互协作、打通物理与虚拟世界、降低成本的同时，极大限度地满足信任建立、交易加速、海量连接等需求。从 2017 年初，中国联通牵头在国际电信联盟（ITU）第 20 研究组发起成立基于物联网区块链的去中心化业务平台框架（Y. IoTBoT - fw）和去中心化的物联网设备标识服务需求与功能框架（Y. IoT - DIDSarc）等国际标准项目，研究并制定基于区块链技术的物联网服务平台和物联网标识等相关国际标准。

　　区块链在物联网领域的应用探索始于 2015 年左右，主要集中在物联网平台、设备管理和安全等应用领域，比较典型的应用领域包括工业物联网、智能制造、车联网、农业、供应链管理、能源管理等。目前国内外在智能制造、供应链管理等领域有一些比较成熟的应用，其他领域的应用还多处于试验阶段。本书将从工业互联网、物流、溯源防伪、智能交通等多个

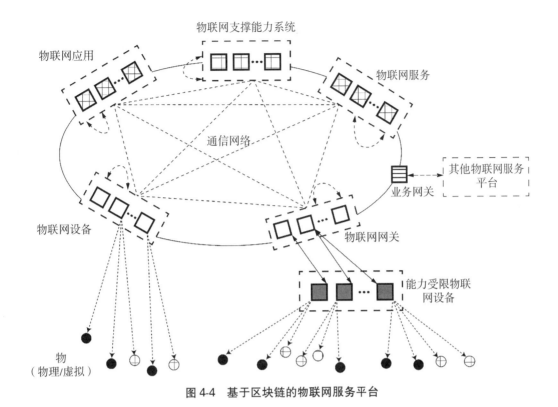

图4-4　基于区块链的物联网服务平台

领域展开分析。

（1）工业物联网。

组建高效、低成本的工业物联网，是构建智能制造网络基础设施的关键环节。在传统的工业物联网的组网模式下，所有设备之间的连接与通信需要通过中心化的网络及通信代理予以实现，这极大增加了组网和运维成本，同时此组网模式的可扩展性、可维护性和稳定性也相对较差。

区块链方法基于P2P组网技术和混合通信协议处理异构设备间的通信，能够显著降低中心化数据中心的建设和维护成本，同时还可以将计算和存储等能力分散到物联网网络各处，有效避免由单一节点失败而导致整个网络崩溃问题。区块链中分布式账本的防篡改特性，能有效降低工业物联网中任何单一节点设备被恶意攻击和控制后带来的信息泄露和恶意操控风险。利用区块链技术组建和管理工业物联网，能及时掌控网络中各种生产制造设备的状态，提高设备的利用率和维护效率，从而能提供更加精准、高效的供应链服务。

（2）物流与物流金融。

区块链在物流和物流金融领域的应用是当前的一个研究和应用热点。区块链的数字签名和加解密机制，可以充分保证物流信息安全以及寄/收件人的隐私。区块链的智能合约与金融服务相融合，可简化物流程序，提升物流效率。

基于区块链的物流快递是一个比较典型的区块链物联网应用。在快递交接过程中，交接双方需通过私钥签名完成相关流程，货物是否签收或交付只需要在区块链中查询即可。

在最终用户没有确认收到快递前,区块链中就不会有相关快递的签收记录,此机制可有效杜绝快递签名伪造、货物冒领、误领等问题。同时,区块链的隐私保护机制可隐藏寄/收件人实名信息,从而有效保障用户信息安全。

　　(3) 溯源防伪。

　　利用区块链的不可篡改、数据完整追溯以及时间戳等功能建立物联网平台,可针对食品、药品、艺术品、收藏品、奢侈品等商品,提供防伪溯源服务。比较典型的应用有:商品防伪溯源,运用区块链技术搭建防伪追溯能力开放平台,通过联盟链的方式,实现线上线下零售商品的身份认证、流转追溯与交易记录等,从而更有效地保护品牌和消费者的权益,帮助消费者提升购物体验;食品溯源,通过区块链技术与物联网的结合,使整个食品链都有证可查,每一个环节都能追根溯源,从而加强食品的可追溯性和安全性,提升食品供应链的透明度,保障食品安全;医药溯源,区块链服务的可追溯能力和去中心化能力可应用在医药的交易、运输及溯源等方面,用于建立药品需求预测化、采购流程简洁化、库存容量合理化、物流运输高效化的医药服务行业体系,解决供应链上下游之间的信息不透明和不对称难题。

　　(4) 智能交通。

　　区块链技术可以在智能交通的诸多领域发挥作用,例如车证管理、交通收费、道路管理等,具体表现为:车辆认证管理,利用区块链数据的不可更改特性以及去中心化的共识机制,管理和提供车辆认证服务,并可以实现电子车牌号服务;交通收费管理,使用区块链电子代币支付交通违规罚款、路桥通信费等,实现即时付款,节省管理和运营成本;道路管理,使用区块链来记录车辆的实时位置,通过区块链平台的去中心化服务特性来判断不同区域的交通堵塞的程度,提供区域性的交通协调疏导方案。

　　(5) 医疗保健。

　　区块链与医疗保健的结合,特别是电子医疗数据的处理,是当前区块链应用的重要研究热点之一。医疗数据有效共享可提升整体医疗水平,同时降低患者的就医成本。医疗数据共享是敏感话题,是医疗行业应用发展的痛点和关键难题,这主要源于患者对个人敏感信息的隐私保护需求。

　　区块链为解决医疗数据共享难题提供潜在的解决方案。患者在不同医疗机构之间的历史就医记录可以上传到区块链平台上,不同的数据提供者可以授权平台上的用户在其允许的渠道上对数据进行公开访问,这样既降低了成本也解决了信任问题。

　　区块链在医疗领域的一个比较典型的应用是慢病管理。医疗监管机构、医疗机构、第三方服务提供者及患者本人均能够在一个受保护的生态中共享敏感信息,协调落实一体化慢病干预机制,确保疾病得到有效控制。

　　(6) 环保。

　　环保行业通常利用建立相关监测系统,实现重点污染源自动监控、环境质量在线监测等功能,而这中间存在着对环保监测设备和监测数据的信任问题。企业在缺乏监管的情况下,可能直接改变设备状态和篡改相关数据。此外,环保数据的共享开放也是难题。

　　区块链和物联网的融合可以解决环保监管过程中存在的末端监控、数据有效性低、监控手段单一等问题。应用区块链技术可以确保每个环保监测设备身份可信任、数据防篡改,这样既能够保证企业和机构的隐私,又能做到必要的环保数据开放共享。基于区块链技术的物联网平台,能够实现不同厂家、协议、型号的设备统一接入,建立可信任的环保数据资源交易环境,助力环保等政策的落地实施。

(7)能源。

能源行业目前存在常规能源产能过剩、新能源利用率和回报率低以及相关基础设施和硬件配置不完备等问题。同时,能源行业普遍采用传统人工运维方式,效率低、成本高,也存在安全风险。另外,监测计量设备落后、采集数据精确度低、信息孤岛化等问题亦影响着能源行业的发展。运用区块链技术可一定程度上解决上述问题,具体实例表现在以下两个方面。

分布式能源管理:区块链的分布式结构与分布式能源管理架构具有高度一致性,相关技术可应用于电网服务体系、微电网运行管理、分布式发电系统以及能源批发市场。同时,区块链与物联网技术融合应用能为可再生能源发电的结算提供可行途径,并且可以有效提升数据可信度。此外,利用区块链技术还可以构建自动化的实时分布式能源交易平台,实现实时能源监测、能耗计量、能源使用情况跟踪等诸多功能。

新能源汽车管理:物联网与区块链融合技术可以提升新能源汽车管理能力,主要包括新能源汽车的租赁管理、充电桩智能化运营和充电场站建设等。同时也可以提升电动汽车供应商、充电桩供应商、交通运营公司、市民及各类相关商户各相关系统间的互联互通和数据共享。

(8)农业。

国内农业资源相对分散和孤立,造成了科技和金融等服务资源难以进入农业领域。同时,农业用地和农业产品的化学污染泛滥,产业链信用体系薄弱等问题使消费者难以获得安全和高质量的食品。物联网与传统农业的融合,可以一定程度上解决此类问题,但由于缺乏市场运营主体和闭环的商业模式,实际起到的作用还比较有限。这些问题的根源在于在农业领域缺乏有效的信用保障机制。

物联网和区块链融合应用能够有效解决当前农业和农产品消费的痛点,一方面,依托物联网提升传统农业效率,连接孤立的产业链环节,创造增量价值;另一方面,依托区块链技术连接各农业数字资源要素,建立全程的信用监管体系,从而引发农业生产和食品消费领域革命性升级。比较典型的应用有以下几个方面。

基于区块链技术的农产品追溯系统:可将所有的数据记录到区块链账本上,实现农产品质量和交易主体的全程可追溯,以及针对质量、效用等方面的跟踪服务,使得信息更加透明,从而确保农产品的安全,提升优质农产品的品牌价值,打击假冒伪劣产品,同时保障农资质量、价格的公平性和有效性,提升农资的创新研发水平以及使用质量和效益。

农业信贷:农业经营主体申请贷款时,需要提供相应的信用信息,其中信息的完整性、数据准确度难以保证,造成了涉农信贷审批困难的问题。通过物联网设备获取数据并将凭证存储在区块链上,依靠智能合约和共识机制自动记录和同步,提高信息篡改的难度,降低获取信息的成本。通过调取区块链的相应数据为信贷机构提供信用证明,可以为农业、供应链、银行、科技服务公司等建立多方互信的科技贷款授信体系,提高金融机构对农业的支持力度,简化贷款评估和业务流程,降低农户贷款申请难度。

农业保险:物联网数据在支持贷款、理赔评定等场景中具有重要的作用,与区块链结合之后能提升数据的可信度,极大简化农业保险申请和理赔流程。另外,将智能合约技术应用到农业保险领域,可在检测到农业灾害时,自动启动赔付流程,提高赔付效率。

(9) 物联网支付。

区块链在物联网支付领域比较典型的应用是利用区块链技术,为现有的物联网行业提供一种人到机器或者机器到机器的支付解决方案,并据此建立基于区块链的微支付体系,实现对物联网设备的实时接入支付,有效促进物联网数据的交易与流通。

4.1.3 智慧供应链

1) 智慧供应链的提出、特点及核心内容

2020 年国务院办公厅印发有关智慧供应链政策的《关于积极推进供应链创新与应用的指导意见》(以下简称《意见》),《意见》明确指出,到 2020 年形成一批适合我国国情的供应链发展新技术和新模式,基本形成覆盖我国重点产业的智慧供应链体系,中国将成为全球供应链创新与应用的重要中心。

根据《意见》,供应链是以客户需求为导向,以提高质量和效率为目标,以整合资源为手段,实现产品设计、采购、生产、销售及服务全过程高效协同的组织形态。如今,全球经济已进入供应链时代,企业与企业之间的竞争开始转化为企业所处的供应链与供应链之间的竞争。在智能制造环境下,打造智慧、高效的供应链,是制造企业在市场竞争中获得优势的关键。

在智能制造时代,相较于传统供应链,智慧供应链具有更多的市场要素、技术要素和服务要素,呈现出 5 个显著特点:

① 侧重全局性,注重系统优化与全供应链的绩效,强调"牵一发而动全身"。

② 强调与客户及供应商的信息分享和协同,真正实现通过需求感知形成需求计划,聚焦于纵向流程端到端整合,并在此基础上形成智慧供应链。

③ 更加看重提升客户服务满意度的精准性和有效性,促进产品和服务的迭代升级。

④ 更加强调以制造企业为切入点的平台功能,涉及产品生命周期、市场、供应商、工厂建筑、流程、信息等多方面要素。

⑤ 重视基于全价值链的精益制造,从精益生产开始,到拉动精益物流、精益采购、精益配送。

总之,智慧供应链上不再是某个企业的某人或者某个部门在思考,而是整条供应链都在思考。

近年来,随着新一代物联网技术的广泛采用,尤其是人工智能、工业机器人、云计算等技术迅速发展,商流、信息流、资金流和物流等得以高效连接,传统供应链进而发展到智能

供应链新阶段。智能供应链与生产制造企业的生产系统相连接,通过供应链服务提供智能虚拟仓库和精准物流配送,生产企业可以专注于制造,不再需要实体仓库,这将根本改变制造业的运作流程,提高管理和生产效率。

智慧供应链体系建设的核心内容是依托一体化信息支撑平台,应用大数据、云平台、物联网等现代信息技术,构建物资智慧业务链。构建物资智慧业务链是体系建设的基础,旨在提升物资专业运营能力。供应链上下游各方的协同能力是体系建设的关键,旨在打造供应链生态系统。智慧决策中心是体系建设的核心,旨在提高供应链全过程数据的价值创造能力,更好为企业、政府和社会提供决策支撑。

2)区块链在供应链体系中的应用

作为一种分布式账本,区块链公开、透明的特点有利于解决供应链由多主体引起的信息不对称、产品质量难以把控等问题。信息透明化的供应链对于政府、企业以及公众都是正向的需求——政府方便监管违法行为,企业易于管理产品质量,公众对产品充分了解放心。随着区块链技术的不断完善,在各方的推动下,区块链技术将会掀起供应链行业的颠覆性变化。主要原因有以下几点。

① 信息共享,提高行业效率:在供应链管理中使用区块链技术,可使信息在上下游企业之间公开。由此,需求变动等信息可实时反映给链上的各个主体,各企业可以及时了解物流的最新进展,以采取相应的措施,增强了多方协作的可能。

② 区块链的不可篡改和透明化降低了监管难度:区块链的高透明化使得不管是对于假冒商品、不合格商品的监督,还是对于供应链上产生纠纷后的举证和责任认定,相关部门的介入要简单很多,使得问题易于解决。

③ 区块链追踪假冒伪劣商品的优势迎合了消费者的需求:产品的质量问题一直是公众关心的热点话题,在未来能做到透明化供应链、追踪假冒伪劣产品来源的企业,其产品必定受到公众的广泛认可。

④ 物联网技术的发展是关键:目前将实体产品连接网络的技术有射频识别、二维条码和近场通信等。在区块链上,为了确保信息的顺畅流通,供应链上物流每个阶段的操作步骤都必须进行数字标签,需要在操作当下进行安装。如何添加数字标签以达到追踪实体产品的目的,仍然需要技术解决思路。

⑤ 供应链金融或是一个当下切实可行的方案:企业在供应链上的历史交易信息都由区块链技术保证其可信性,由此可帮助金融机构快速对企业进行信用评估,降低企业融资难度、充分体现企业价值。

3)区块链 + 供应链行业

(1)区块链 + 供应链的可行性简析。

区块链技术天然地符合供应链管理的需求。一方面,区块链的链式结构,可理解为一种能储存信息的时间序列数据,这与供应链中产品流转的形式有相似之处;另一方面,供应链上信息更新相对低频,回避了目前区块链技术在处理性能方面的短板。从企业的角度而言,实时了解商品的状态,可以帮助企业优化生产运营和管理,提升效益,推动区块链技术符合各企业主体的利益。

（2）区块链＋供应链的优势。

区块链上的每一次交易信息（交易双方、交易时间、交易内容等）都会被记录在一个区块上，并且在链上各节点的分布式账本上进行储存，这就保证了信息的完整性、可靠性、高透明度。区块链的这些特点，使得其在供应链当中的应用有很多优势。

① 信息共享，有助于提高系统效率：区块链是一种分布式账本，即区块链上的信息（账本）由各个参与者同时记录、共享。

② 多主体参与监控、审计，有效防止交易不公、交易欺诈等问题：在传统的交易中，通常使用单一的中心机构实现交易行为的认证（图4-5）。认证中心需要较高的运营、维护成本，获取的数据受限，并存在数据被不法分子篡改、盗窃、破坏的可能，对企业进行数据共享有一定阻碍。与传统的独立中心认证相比，基于区块链的供应链多中心协同认证体系不需要委托第三方作为独立的认证中心，由各方交易主体作为不同认证中心共同来认证供应链交易行为（图4-6）。供应链上下游企业共同建立一个联盟链，仅限供应链内企业主体参与，由联盟链共同确认成员管理、认证、授权等行为。通过把物料、物流、交易等信息记录上链，供应链上下游的信息在各企业之间公开，由此监控、审计等功能可由各交易主体共同进行公证。这样一来，各个节点之间竞争记账、权力平等，由多交易主体构成的认证机构可有效防止交易不公、交易欺诈等问题。如果某一个交易主体单独或者联合其他交易主体试图篡改交易记录，其他交易主体可以根据自己对交易的记录证明其不法行为，并将其清理出供应链。

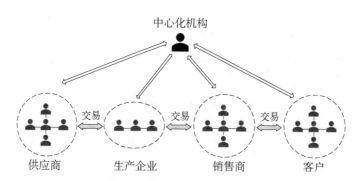

图4-5　中心化认证机构模式

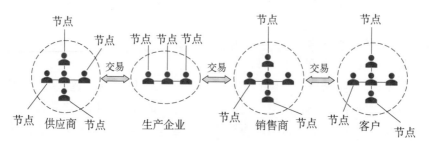

图4-6　去中心化体系示意

③ 确保数据真实性有助于解决产品溯源、交易纠纷等问题：通过应用区块链技术，供应链上下游的信息可写入区块中，而区块与区块之间由链连接。区块的内容与区块之间的链的信息均通过哈希算法等方式加密，可确保区块内容不可删改、区块之间的连接安全可靠。由于采用分布式的结构，供应链上的各参与方均存有链上的全部信息，这进一步确保了数据的真实和可靠性。以上技术可保证因牟取私利而操控、损毁数据的情况几乎不可能出现。

因此在供应链中，当物联网提供的如货物来源、基本信息、装箱单信息、运输状态等信息准确可靠时，该信息被上传记录在区块链后，区块链技术可保证信息后续的传播、追加等是安全、透明的。通过对链上的数据进行读取，可以直接定位运输中间环节的问题，避免货物丢失、误领、错领或商业造假等问题。这一技术尤其适用于稀缺性商品领域，通过把生产、物流、销售等数据上链，可确保产品的唯一性，保障消费者权益，杜绝假货的流通可能。此外，当交易纠纷发生时，可快速根据链上信息进行取证、明确责任主体，提高付款、交收、理赔的处理效率，如图 4-7 所示。

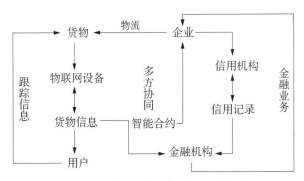

图 4-7　物联网可为供应链提供基础数据

④ 降低沟通成本：一方面，区块链技术可以帮助上下游企业建立一个安全的分布式账本，账本上的信息对各交易方均是公开的；另一方面，通过智能合约技术可以把企业间的协议内容以代码的形式记录在账本上，一旦协议条件生效，代码自动执行。譬如采购方从供应商进行交易时，即可在链上创建一条合约，合约内容是物流数据表明货物已经抵达地点时，货款发送给供应商；这样一来只要物流抵达的信息发出，货款将自动转出。由于区块链数据是安全不可变的，智能合约上代码的强制执行性使得赖账和毁约不可能发生。利用智能合约能够高效实时更新和较少人为干预的特点，企业可实现对供应商队伍的动态管理，以及对供应链效率的提升。利用区块链技术对零配件供应商的设备等相关信息登记和共享，可以帮助在生产淡季有加工需求的小型企业直接找到合适的生产厂商，甚至利用智能合约自动下单采购，从而达到准确执行生产计划的目的。这些小型企业可以跳过中间商环节，从而节省成本；同时，这也有助于激活生产厂商的空置产能（图 4-8）。

（3）区块链＋供应链金融。

目前，区块链技术在金融方面的应用较为火热，供应链金融本身是金融属性，具有较强

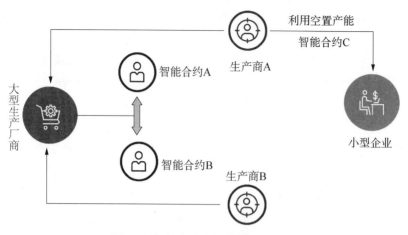

图 4-8　智能合约在供应链中的应用

的数字化特性,相对于传统供应链业务更容易上链,因此重点分析和挖掘供应链金融具有较大的意义。在供给侧结构性改革背景下,2017 年 3 月由一行三会和工信部联合印发的《关于金融支持制造强国建设的指导意见》中,明确表示"大力发展产业链金融产品和服务",鼓励金融机构积极开展各种形势的供应链金融服务。

区块链上的上下游企业之间的交易及票据信息都汇聚在链上,区块链的分布式账本技术决定了信息的不可篡改,将企业的历史交易信息进行收集和大数据分析,利用一定的数据建模,能快速准确地获取企业的信用评级以及企业的历史融资情况。这不仅可以解决在供应链行业一直存在的中小微企业融资难的问题,也能够轻松引入银行、理财机构等相关投资加盟,达到核心企业、供货企业、投资企业的多方共赢,推动供应链行业的良性发展。据世界银行发布的相关报告显示,中国的中小微企业群体在全球规模最大,供应链新兴的很多物流企业、供货方企业都属于中小微企业,区块链技术的应用将会给这些企业带来福音。

对于供应链中的核心企业而言,与其有商业往来的上下游企业往往数量庞大。核心企业对于各企业的应收账款等数据的统计和维护往往需要耗费很大的成本。利用区块链分布式记账和智能合约的技术优势,款项的支付和收取成了不可篡改的永久性账本,而且自动执行结算,大大提高了整条供应链的运行效率。

区块链中的未花费交易输出(unspent transaction outputs,UTXO)账户模型方便有效地确认了交易的合法性。区块链上的数字货币不是仅靠物理转移即可完成所有权的转移,这就面临着"双花"问题的风险,即同一名用户可以同时将一笔交易转给另外两位不同的用户,而该用户掌握着私钥,因此这两笔交易都是有效的,以往的密码学货币没法解决"双花"问题。在区块链的数字货币交易里,任何一笔交易都对应了若干的输入(即资金来源)和输出(即资金去向),区块链中发起交易的输入必须是另一笔交易未被使用的输出,并且需要该笔输出地址所对应的私钥进行签名。整个区块链网络中的 UTXO 会被储存在每个节点中,只有满足了来源于 UTXO 和数字签名条件的交易才是合法的,区块链系统的 UTXO 交易模式杜绝了"双花"问题,确认了链上交易的合法性。

（4）区块链＋供应链的阻碍和限制。

区块链作为一项新兴技术,还不够成熟,需要不断地开发和改进。由于供应链涉及供应商、制造商、分销商、零售商等多方主体,各方之间可能有不同的利益关系和合作关系,尽管区块链的优势比较明显,但是将其直接应用于供应链也还有一定的缺点和限制。供应链是一个成熟的行业,区块链技术与供应链的结合将大幅提高行业的信息化程度,但同时也将在短时带来设施建设、技术普及、人员训练等一系列成本的提高。另外,信息透明化也将带来利益关系的转变区块链的进入有可能遇到阻力。区块链数据透明化需要考虑清楚哪些数据会放到链上,这些关系到个人敏感信息或商业机密的信息应该如何处理应细致考虑。对于供应链上的企业而言,商业机密的泄露将会造成巨大的损失,将企业专有的或保密的客户信息透明化或将受到来自企业巨大的阻力。对个人而言,敏感信息的泄露也是会被抵触的。想成功建立一个区块链＋供应链的系统,需要在保证各方数据信息的安全和隐私性的条件下进行。

4.1.4　新零售

新零售指个人、企业以互联网为依托,通过运用大数据、人工智能等先进技术手段,对商品的生产、流通与销售过程进行升级改造,进而重塑业态结构与生态圈,并对线上服务、线下体验以及现代物流进行深度融合的零售新模式。未来电子商务平台会有新的发展,线上线下和物流结合在一起。线上是指云平台,线下是指销售门店或生产商,新物流将消灭库存,减少囤货量,降低销售成本。

2016 年 11 月国务院办公厅印发《关于推动实体零售创新转型的意见》（国办发〔2016〕78 号）,明确了推动我国实体零售创新转型的指导思想和基本原则。同时,在调整商业结构、创新发展方式、促进跨界融合、优化发展环境、强化政策支持等方面作出具体部署,在促进线上线下融合的问题上强调:建立适应融合发展的标准规范、竞争规则,引导实体零售企业逐步提高信息化水平,将线下物流、服务、体验等优势与线上商流、资金流、信息流融合,拓展智能化、网络化的全渠道布局。

1）新零售的发展动因

一方面,经过近年来的全速前行,传统电商由于互联网和移动互联网终端大范围普及所带来的用户增长以及流量红利正逐渐萎缩,传统电商所面临的增长瓶颈开始显现。根据艾瑞咨询的预测:国内网购增速的放缓仍将以每年下降约 8%～10% 的趋势延续。传统电商发展的"天花板"已经依稀可见,对于电商企业而言,唯有变革才有出路。

另一方面,传统的线上电商从诞生之日起就存在着难以补平的明显短板,线上购物的体验始终不及线下购物是不争的事实。相对于线下实体店给顾客提供商品或服务时所具备的可视性、可听性、可触性、可感性、可用性等直观属性,线上电商始终没有找到能够提供真实场景和良好购物体验的现实路径。因此,在用户的消费过程体验方面要远逊于实体店面,不能满足人们日益增长的对高品质、异质化、体验式消费的需求将成为阻碍传统线上电商企业实现可持续发展的硬伤。特别是在我国居民人均可支配收入不断提高的情况下，人们对购物的关注点已经不再仅仅局限于价格低廉等线上电商曾经引以为傲的优势方面，而是愈发注重对消费过程的体验和感受。因此，探索运用新零售模式来启动消费购物体验的升级，推进消费购物方式的变革，构建零售业的全渠道生态格局，必将成为传统电子商务企业实现自我创新发展的又一次有益尝试。

2）新零售对企业的重要性

新零售的核心要义在于人、货、场的重新组织和优化，推动线上与线下的一体化进程。新零售主要是以消费者体验为中心，从"货—场—人"到"人—货—场"的转变，从单一零售转向多元零售形态，从"商品服务"到"商品服务内容"的转变。

新零售的关键在于线上无处不在的消费场景、灵活方便的社交体验、可追踪、可优化的数据分析，和线下的实体店终端形成真正意义上的合力，拉近与消费者之间的距离，做到服务大众和降低成本，让线上线下相融相生。

新零售通过线上线下的不断融合，可以将线上流量引流到线下店铺，增加用户活跃度，给线下店铺提供新的发展动力，消费者也将得到更加专业的服务和更加优质的产品，企业也需要借助互联网时代的传播能力、数据力量、社交化等商业特征营造出一个全新的零售业态。

4.1.5 智慧工业

随着第四次工业革命的到来，以信息技术与制造技术融合为核心的智能制造、数字制造、网络制造等新型制造模式，对制造业未来的发展方向产生深远影响。传统的"串行制造"模式，正在通过数字化工厂技术，变成"并行制造"模式，而工业区块链技术的应用，能够在多方协同生产、工业互联网数据安全、工业资产数字化等多个方面促进制造业的转型升级，一个面向未来的分布式智能生产网络正在成为现实。区块链技术有望成为第四次工业革命的底层技术之一，而工业区块链与工业云的有机融合，将会极大地提升实体经济的运行效率，促进制造业的转型升级。

传统的工业互联网主要以工业云为载体，但这种巨型工业云方案无疑是非常昂贵的，它的基础设施和维护费用极高，需要中心化的云服务、大规模的服务器集群和网络设备来支撑。当工业互联网深度推进，生产单元中联网的人和设备以数十亿级别的速度增长时，需要处理的通信量和相应产生成本消耗都是极其惊人的，而且一旦出现一个故障点就可能会导致整个网络的崩溃。同时，不同的生产单元间存在多样化的所有权，各自支持多元化的云服务架构使它们之间的通信非常困难。没有一个云服务商可以服务于社会生产的所有单元，不同的云服务商也不会保证它们之间的互操作性和兼容性。

利用区块链技术将分布式智能生产网络改造成为一个云链混合的生产网络，有望比大部分采用中心化的工业云技术效率更高、响应更快、能耗更低。生产中的跨组织数据互信全部通过区块链来完成，订单信息、操作信息和历史事务等全部记录在链上，分布式存储、不可篡改，所有产品的溯源和管理将更加安全便捷。

通过云链混合技术,将新零售和新制造有机结合,电商平台端和数字化工厂端采用中心化的工业云技术,而中间的订单信息传输和供应链结算通过工业区块链和智能合约来完成,既保证了效率和成本,又兼顾了公平和安全。每一种商品由数字化工厂提供,每一个样品都有"数字化双胞胎",并且这些数字化双胞胎全部通过智能合约与产业链上下游相连,终端用户的一个订单确认,会触发整个产业链的迅速响应,全流程可实现数据流动自动化,助推制造业的转型升级。

这种全新的分布式制造模式,以用户创造为中心,使人人都有能力进行制造,参与到产品全生命周期当中,彻底改变传统制造业模式。分布式智能生产网络使产品设计、生产制造由原来的以生产商为主导逐渐转向以消费者为主导,消费者能够更早、更准确地参与到产品设计和制造过程中,并通过庞大的分布式网络对产品不断完善,使企业的产品更容易适应市场需求,并获得利润上的保证,企业的创新能力与研发实力均能获得大幅度提升,创新边界得以延伸。

1)智慧工业发展趋势

我国工业生产整体平稳运行,中高端制造业快速增长,企业效益持续改善,工业发展质量有所提高。但是,单位工业效能与发达国家仍然存在较大差距,主要体现在资源和能源的利用率较低,生产经营中面临众多安全和环保问题。如何积极有效利用现代信息技术解决传统工业生产中面临的经营决策挑战,推动工业化和信息化的快速融合发展,实现生产、管理和营销方式的变革,已经成为高端制造业发展的关键。

工业发展到 4.0 时代,已经远远超出了生产制造本身,它更多地表现为企业在可能的最大生态影响范围内精准控制成本,按需、快速、个性化地完成定制生产,并逐步增强市场竞争能力。

(1)细微化要求。

精准生产要求产业链上的每个单元都把生产、成本及质量控制做到极致。它自然推动了传统工业生产的变革,即企业由原先的"大而全"向"小而专"演变。传统产业的一个流程,现在可能进一步"细微化"为多个流程。每个生产单元都只集中精力在"细微化"流程的专业度和广度提升上,以增强自身在全球市场的竞争力。比如传统的电源插座生产,以前往往由一家工厂从设计到生产备料到组件生产到组装全部做完;而在精准生产的"细微化"生产组织下,生产流程分解为插头设计出模、插头生产、插针生产、组件组装等多个环节,每个环节都是一家独立的公司或车间来完成,每家公司都在自身的微细环节上发挥工匠精神,把设计、生产、质量控制、成本及生态建设做到极致。

(2)广泛化布局。

生产单元的"细微化"进一步推动企业的客户生态"广泛化"。产量是绝大多数产业盈利及竞争力的朴素的制胜法宝。在生产单元细微化的演变进程中,一方面由于生产颗粒的细微使得企业得以在全球范围内研究需求个性化趋势的分层要求或需求引导;另一方面对产量的需求也使得企业意识到,依赖于原先的老客户群体势必无法满足企业成长的要求。企业需要一个相对大的客户群基数和相对广泛的客户覆盖范围,才可以平衡少量大客户带来的生产周期波动风险,并使得企业的需求量有长足稳定的增长。

（3）品牌商崛起。

智能制造的业绩往往体现为全球高度具有竞争力的品牌的营造。好的品牌不仅可以获得比较高的生产溢价,同时有利于扩大市场占有率。品牌商最大的挑战来源于其对产品研发的创新性,技术门槛及对其产业链的生产组织能力。品牌商同时也成为整个市场的"感应器",它通过市场对其产品的反馈体系,最先感受到市场的变化,并通过它自身的生产组织传到生产的上游供应末端。如同前面的生产单元"细微化",品牌商为了应对消费端的"长尾效应"及个性化需求,品牌塑造也呈现为针对越来越细分的市场。

2）区块链在工业应用面临的难点

区块链在工业应用中经常提及的"网络化生产"或"云化生产",对整个生产制造生命周期提出了诸多方面的挑战。

① 高度协同:"细微化"生产单元之间的协作程度比以往大而全的生产还要快速、精准。一个环节的生产、供应问题就可能影响全局,对整个产业链造成影响。

② 工业安全:高度协同的生产单元涉及各种生产设备,这些设备的身份辨识可信、身份管理可信、设备的访问控制的可信是多方协作的基础。

③ 信息共享:由于产业链上下游的生产协同影响,产业链上下游对信息共享的要求非常强烈。信息共享有助于快速生产组织、库存削减、物流联运、风险管控、质量控制等。

④ 跨界资源融合:产业生态的复杂化及多样化,使得以往单一链条中某一家或两家巨头可以轻易解决的问题变得棘手。产业僵化问题的解决往往需要"界外"企业积极参与进来成为其中的"润滑剂""催化剂",比如金融机构、高新科技机构与核心制造业的深度融合。

⑤ 最大程度"标准化":通过把生产微粒度变小的方式,不断推动生产组织最大程度地"标准化"和"精准化",而不是"非标化"。这种"标准化",不仅体现在生产环节,也体现在包装、运输、维修维护、商务环节等。

⑥ 柔性监管:对于政府监管部门而言,监管局面前所未有地复杂。怎样采用新技术进行"柔性"或"隐形"的引导式监管,变成安全生产和产业支持的挑战之一。

3）智慧工业改革路径

以客户需求为中心的市场飞速发展,为工业企业制造和服务提出一系列新挑战。区块链技术通过多种信息化技术的集成重构,触发新型商业模式及管理思维,对于实现分散增强型生产关系的高效协同和管理,提供了供给侧结构性改革的创新思路和方法。

典型的区块链系统中,各参与方按照事先约定的规则共同存储信息并达成共识,按照系统是否具有节点准入机制,区块链可分类为许可链和非许可链。许可链中节点的加入退出需要区块链系统的许可,根据拥有控制权限的主体是否集中可分为联盟链和私有链;非许可链则是完全开放的,也可称为公有链,节点可以随时自由加入和退出。

考虑到工业互联网应用的自身特点,有权限身份管理的联盟链更加适合工业互联网当中的各种应用。从技术角度看,联盟链技术主要有共享统一账本、灵活智能合约、达成机器共识以及保护权限隐私四个技术特点。

（1）共享统一账本。

共享账本中以链式结构存储了交易历史以及交易以后的资产状态。每一个区块的哈希值将作为下一个区块的数据头，如此一个一个地串联在一起。由于各个有存储账本权限的节点和相关方有相同的账本数据，通过哈希校验可以很方便地使得账本数据难以篡改。账本中存储了交易的历史，且这些交易都是交易发起方签名，由一定的背书策略验证过，并经过共识以后写入到账本中。

（2）可定制智能合约。

智能合约描述了多方协作中的交易规则和交易流程，这些规则和流程将会以代码的形式部署在相关的参与方的背书节点中。根据代码的要求，智能合约将由一个内外部事件来驱动执行。

（3）机器共识机制。

在分布式网络中，各个区块链节点按照透明的代码逻辑、业务顺序和智能合约来执行所接收到的交易，最终在各个账本中，形成一种依赖机器和算法的共识，确保所记录的交易记录和交易结果全网一致。机器共识能够适应大规模机器型通信（massive machine type communications，mMTC）的去中心化架构，有效促进形成一种去中介化的应用新模式和商业新生态。

（4）权限隐私保护。

所有加入区块链网络的人、机、物、机构都经过授权得以加入联盟区块链网络。隐私保护保障共享账本的适当可见性，使得只有一定权限的人才可以读写账本，执行交易和查看交易历史，同时保证交易的真实可验证、可溯源、不可抵赖和不可伪造，如图4-9所示。

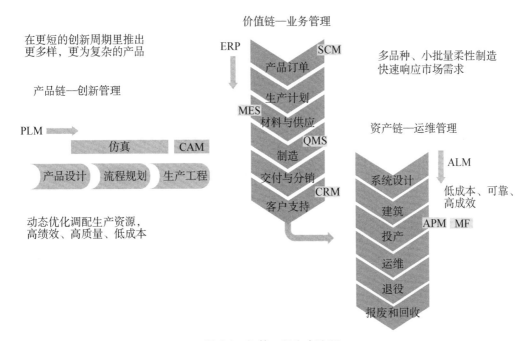

图4-9　智慧工程生产流程

工业制造过程主要涉及"产品链—创新管理""价值链—业务管理""资产链—运维管理"三个过程。产品链主要目的是在更短的创新周期内推出更多样、更为复杂的产品,区块链所带入的个体激励机制以及协作共享可以使得更多的设计者参与其中,通过有效的组织使工业设计更加快速。价值链把供应链和制造有机地结合以快速响应市场需求,区块链可以将供应链各个协作环节的商流、物流、信息流和资金流透明可信,从而提高整个生产过程组织的效率。资产链运营管理的目的主要是为了使得工业产品在投产运营后可以更好地得到运维,提高用户黏性,延长其有效使用寿命,直到报废回收,通过相似产品间或者同行间的数据互信共享将会大大提高整个产业的服务水平,区块链可以帮助商业网络更方便地管理共享的流程。

基于这样的一个模型,可以使得商业网络中的各个参与主体之间更好地进行共享,互信以及价值交换,如图 4-10 所示。

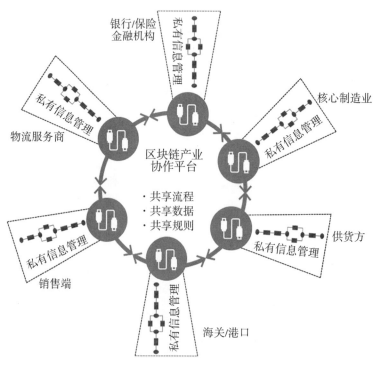

图 4-10 区块链产业协作平台

从监管角度来看,其交易可溯源、难以篡改、不可抵赖、不可伪造的特性,能使人、企业、物彼此之间因"连接"而信任,将带来前所未有的组织形态和商业模式。当监管部门以联盟节点的身份获得审阅权限模式介入的时候,由于联盟内相关节点的可见性,使得监管部门可以非常方便地实施柔性监管。通过区块链技术介入到工业互联网,可以形成核心企业内(从设计,到生产,到销售,到服务,到回收的上下游的数据共享价值链)、工业企业间(生产运维经验分享的价值链)、工业互联网平台间的互信共享和价值交换。通过各类相关的数据可信共享来全面提高工业企业在网络化生产时代的设计、生产、服务和销售的水平。

　　针对当前工业互联网所面临的新需求和新挑战,区块链技术为工业领域高效协同和创新管理提供了"供给侧结构性改革"的解决思路和方法:借助机器共识、共享账本、智能合约、隐私保护四大技术变革,为工业互联网提供在依据行业规范及标准,遵守企业间协定前提下的数据互信、互联和共享;其"物理分布式,逻辑多中心,监管强中心"的多层次架构设计为政府监管部门和工业企业相互间提供了一种"松耦合"的连接方式(政府与企业,企业与企业),在不影响企业正常生产、商业活动的最大限度前提下提供柔性合规监管的可能;其分布式的部署方式能够根据现实产业不同状况提供分行业、分地域、分阶段、分步骤、逐步,理性建设和发展的路径。

4.1.6　智慧农业

　　国务院"互联网+"战略把现代农业作为重点任务之一,通过实施农业物联网示范、农业电子商务试点、农业大数据试点、信息进村入户等工程,积极推动信息技术与传统农业融合,通过统筹线上线下农业来推进农业现代化。目前区块链已经在农业生产计划、农产品生产全过程质量跟踪、农产品销售、产品溯源、农业金融、农业保险等领域开始应用。

　　1) 区块链技术农业领域的六大应用场景

　　(1) 物联网+区块链。

　　目前制约农业物联网大面积推广的主要因素就是应用成本和维护成本高、性能差。而且物联网是中心化管理,随着物联网设备的暴增,数据中心的基础设施投入与维护成本难以估量。物联网和区块链的结合将使这些设备实现自我管理和维护,这就省去了以云端控制为中心的高昂的维护费用,降低互联网设备的后期维护成本,有助于提升农业物联网的智能化和规模化水平。

　　(2) 大数据+区块链。

　　传统数据库的三大成就,关系模型、事务处理、查询优化,一直到后来互联网盛行以后的 NOSql 数据库的崛起,数据库技术在不停发展、在变化。未来随着信息进村入户工程的进一步推进,政务信息化的进一步深入,农业大数据采集体系的建立,如何以规模化的方式来解决数据的真实性和有效性,这将是全社会面临的一个亟待解决的问题。而以区块链为代表的这些技术,对数据真实有效不可伪造、无法篡改的这些要求,相对于现在的数据库来讲,肯定是一个新的起点和新的要求。

　　(3) 质量安全追溯+区块链。

　　农业产业化过程中,生产地和消费地距离拉远,消费者对生产者使用的农药、化肥以及运输、加工过程中使用的添加剂等信息根本无从了解,消费者对生产的信任度降低。基于区块链技术的农产品追溯系统,所有的数据一旦记录到区块链账本上将不能被改动,依靠不对称加密和数学算法的先进科技从根本上消除了人为因素,使得信息更加透明。

　　(4) 农村金融+区块链。

　　农民贷款整体上比较难,主要原因是缺乏有效抵押物,归根到底就是缺乏信用抵押机制。由于区块链建立在去中心化的 P2P 信用基础之上,她超出了国家和地域的局限,在全球互联网市场上,能够发挥出传统金融机构无法替代的高效率低成本的价值传递的作用。当新型农业经营主体申请贷款时,需要提供相应的信用信息,这就需要依靠银行、保险或征信机构所记录的相应信息数据。但其中存在着信息不完整、数据不准确、使用成本高等问题,而区块链的用处在于依靠程序算法自动记录海量信息,并存储在区块链网络的每一台电脑上,信息透明、篡改难度高、使用成本低。因此,申请贷款时不再依赖银行、征信公司等中介机构提供信用证明,贷款机构通过调取区块链的相应信息数据即可。

（5）农业保险＋区块链。

农业保险品种小、覆盖范围低,经常会出现骗保事件。将区块链与农业保险结合之后,农业保险在农业知识产权保护和农业产权交易方面将有很大的提升空间,而且会极大地简化农业保险流程。

另外,因为智能合约是区块链的一个重要概念,所以将智能合约概念用到农业保险领域,会让农业保险赔付更加智能化。以前如果发生大的农业自然灾害,相应的理赔周期会比较长。将智能合约用到区块链之后,一旦检测到农业灾害,就会自动启动赔付流程,这样赔付效率更高。

（6）供应链＋区块链。

产品从生产到销售,从原材料到成品到最后抵达客户手里整个过程中涉及的所有环节,都属于供应链的范畴。目前,供应链可能涉及几百个加工环节,几十个不同的地点,数目如此庞大,给供应链的追踪管理带来了很大的困难。区块链技术可以在不同分类账上记录下产品在供应链过程中涉及的所有信息,包括负责企业、价格、日期、地址、质量及产品状态等,交易就会被永久性、去中心化地记录,这降低了时间延误、成本和人工错误。

2）区块链进入农业面临的挑战

（1）技术本身还要优化。

很多人认为区块链高度互联、无所不能,但从现有的应用来看,区块链处初期,其底层技术还存在一定的制约。目前,区块链在技术上最大的挑战就是吞吐量、延迟时间、容量和带宽、安全等。农业是一个有生命的产业,需要进一步突破区块链的技术限制与农业的融合。

（2）技术进入门槛高。

区块链技术其实非常复杂,涉及密码学、计算数学、人工智能等很多跨学科、跨领域的前沿技术,一般的工程师在短期内可能很难掌握。农业信息化是国家信息化的短板,现阶段最缺乏的就是农业信息化的人才,懂农业的人不懂信息化,懂信息化的人不懂农业,而区块链作为一种新型的计算机技术,在农业领域的应用本来就比工业慢好几拍,所以区块链技术进入农业的门槛极高,目前网上涉及区块链在农业领域应用的文章都很少。

（3）应用场景还需继续拓展。

现在绝大部分区块链的应用场景可以分为虚拟货币类、记录公证类、智能合约、证券、社会事务等,这些场景目前跟农业不太搭边,缺乏符合农业农村特点且接地气的应用场景。区块链以互联网为基础,企业在开拓农村互联网市场的过程中,要不断去拓展区块链的应用场景,只有当拥有一个庞大的用户群去参与区块链的时候,它的价值才能体现。

区块链在智慧城市产业建设中的实践案例

1）Adept 系统创建基于区块链技术的物联网架构

创建一个分布式的网络，网络中的设备能够彼此通信，是科技工作者们追求多年的目标。2015 年初，某计算机产业巨头与三星集团联合打造去中心化的 P2P 自动遥测（autonomous decentralized peer-to-peer telemetry，Adept）系统，它是一个在物联网领域使用区块链技术的概念验证。该系统基于区块链架构，使用文件分享（BitTorrent）、以太坊平台（Ethereum）和点对点信息发送系统（TeleHash）作为支撑，旨在解决物联网面临的技术和经济问题。

区块链的分布式结构特点在进行交易处理时具有显著的优势，当数十亿个设备自动交互信息时，它将发挥分布式账本的作用；通过在系统中植入协议，它还可以大大降低 Adept 系统作为设备间的沟通桥梁时的成本。区块链技术允许数据被存储在不同地方，同时能追踪数据各方之间的关系。在物联网中，区块链技术可以让设备了解其他设备的功能，以及不同用户围绕这些设备的指令和权限，即追踪设备之间的关系、用户和设备之间的关系，甚至在用户许可的前提下两个设备间的关系。目前已经实现的一个十分典型的应用场景是，使用区块链技术将洗衣机加入到物联网之中，通过获取用户的洗衣频率和每次洗衣服的数量，分析用户是否有定期运动的习惯、是否生育婴儿，还可以自动估算剩余洗衣液的可用时间，甚至自动完成在线下单的购买行为。

在区块链的基础上使用文件共享协议 BitTorrent 来传输数据，可以免去连接网络不稳定的担忧，保证 Adept 系统的分散化特性。智能合约则可以用于与家中的设备进行交互。例如，一个智能手表可能含有智能合约触发器，它能够侦测到放在门口的信标，能够触发门锁，一旦家中的区块链接收到从智能手表发出的指令时，房门就能够被打开。TeleHash 则是一款非常简单和安全的终端到终端加密库，它适合任何应用程序，终端可以是设备、浏览器或移动应用。它可以被当作 SSL 安全套接层和 PGP 加密软件的结合，专为设备和应用连接设计并创建安全的私有网络。

2）Filament 寻求基于区块链技术的工业物联网

Filament 是一个使用区块链技术的去中心化的物联网软件堆栈，能够使公共分类账本上的设备持有独特身份。Filament 的物联网设备可以进行安全沟通、执行智能合同以及发送小额交易。与 Adept 不同的是，Filament 将目光投向了工业市场，尤其是石油、天然气、制造业和农业等行业，希望能够帮助这些行业中的大公司实现效率上的新突破（图 4-11）。

Filament 将开发两个硬件单位：传感器装置 Filament Tap，以及用来延伸该技术的 Filament Patch。在区块链技术的框架之上，Filament 平台使用了五层协议：区块名（Blockname）、P2P 信息交流工具（TeleHash）、智能合约、小额交易技术（Pennybank）和文件分享（BitTorrent）。传感器 Filament Tap 的运行依赖于协议，后两层协议则是供用户端

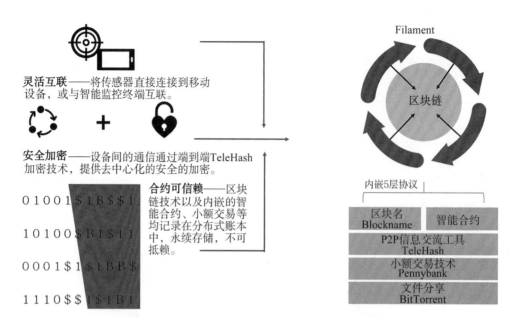

图 4-11　Filament 基于区块链的工业物联网应用探索

自行选择的。Blockname 能够创造一个独特的标识符,存储在设备嵌入式芯片中的一部分,并记录在区块链上。TeleHash 可以提供点到点的加密通信。BitTorrent 则支持文件共享。物联网中的每个智能设备都将配备处理全部五个通信协议的能力。

Filament 主要有以下几点优点:加密硬件的使用保障了所有智能设备的数据存储与数据通信的安全;除了传感器 Filament Tap 以外,Filament 还为用户提供了可黏附于设备表面的智能模块 Patch。安装了 Tap 或 Patch 的智能设备可以实现脱离网络连接的长距离通信,目前支持的最远通信距离为 10 英里,这使得工业规模的网络更加易于部署,大规模的工业设备可以通过一个统一的界面进行管理;通过区块链技术,企业还可以使用 Filament 对基础设施及其数据进行授权,为硬件设备提供经常性收入来源。

3)Filament 智能农场

根据一家美国农业新闻网站 Agfunder News 的报道,众多分布式账本农业解决方案正在兴起,包括创造出"智能农场"概念的 Filament 公司。所谓智能农场,就是一种可持续发展的农业生产模式,能够提高环境质量,整合科学技术与生物循环调节,通过农场运作创造经济价值。在 Filament 公司的平台上,用户可以利用智能农场技术建造可靠的农场基础设施。采用区块链技术的农场能够播报防篡改的气象数据、短信提醒、机械协议、GPS 定位,并从其他相关平台上获取更准确的信息。

业内人士在解释区块链在推动农业经济发展中的潜力时指出:消费者对"干净"食品(包括有机食品)的需求急剧增加,但生产商和制造商通常很难保证从农场到餐桌这个生产流程中数据的准确性。在这个问题上,区块链可以提供很大帮助。此外,区块链技术在农业领域的实际应用还包括减少不公平定价、记录产品产地、减少进口农产品影响、发展本地化经济。在未来,区块链平台还可以帮助汇款到农村地区,提供农业金融解决方案。

4）小农场主金融和农业风险管理系统

科尼亚的农业科创项目——小农场主金融和农业风险管理系统（financial and agricultural risk management for smallholders，FARMS）提供了正式的金融风险管理的入口同时增加了农民的理财能力。研究表明没有农业保险的农民与有农业保险的农民相比，需要多花 4 年时间才能从歉收年份恢复元气，同时保险的采纳率还比较低。

FARMS 概念借助于基于区块链的虚拟现金平台以及遥感（卫星）数据和移动现金解决方案得以实现，它确保透明安全的交易以及资金用于指定用途，实现了自动化支付和信息仪表盘。

农民通过购买虚拟现金"干旱币"或"干旱券"来利用闲置资金。当农民想要提取基金时，就可以赎回其干旱币或干旱券。代币的价值模拟了本地的法币，例如，5 000 肯尼亚元对应 5 000 代币。

所有的交易都会通知给农民，参与者可以随时通过短信检查其余额。真实的钱流进可信的银行账户（风险池），所有的交易都是实时的。

5）中国智慧农业企业成功之路

汇金海智慧农业研究院是中国起步较早的农业科技研发机构，见证了中国智慧农业的发展历程，也深刻洞察到了存在的问题，因此汇金海用了数年之久，专心进行智慧农业科技的研发突破，取得了较为优异的成绩。以汇金海研发并在寿光投入实际农业生产的新型智能砂培种植模式为例，该模式采用物联网＋人工智能种植管理系统和水肥精准灌溉装备，其中的关键技术均来自汇金海研究院的自主研发，如图 4-12 所示。

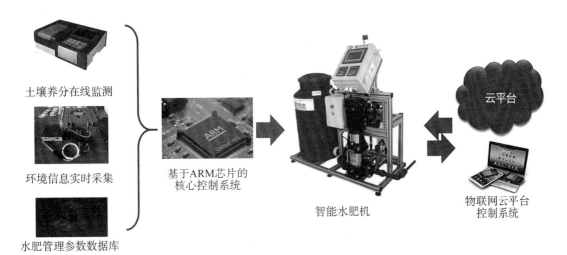

图 4-12　农业生产监控控制系统

新型智能砂培种植模式使用沙子作为栽培基质，可以实时在线对作物根部原位水肥营养和自然生态环境信息智能监测，按照作物自然生长模型数据，实施全自动按需精准灌溉施肥、智能调控生态环境参数，保持最适宜作物自然生长期的各阶段对水肥营养和生态环境的不同需要。模式智能化程度高，彻底解决了市场现有定时定量灌溉施肥模式。不仅设备成本低,无需人工干预,还从根本上解决了土壤不良、重茬减产、农药残留、土传疾病等问题,易于产业化推广应用。与土培相比,新型智能砂培种植模式种植出来的果蔬品质好且稳定,产业化运营应用成本低。管理系统和装备采用自主研发的人工智能芯片,高度智能集成,可节省人力80%,减少运营成本70%,减少药肥用量30%,节约用水达到55%,增产40%。种植管理系统技术和智能化装备使用的硬件设备少、成本低,既适合产业化大型园区,也适合小农户普及应用。

由于砂培种植与土壤隔离,水肥不渗透,并能重复利用,因此生态环保。产业化推广改土换砂种植新方式将会极大促进种植方式转型,可为我国有效提高盐碱地、戈壁沙漠土地开发利用填补空白。

新型智能砂培种植模式兼具经济、社会和生态效益,为提升我国智慧农业的发展水平起到了示范作用。智慧农业科技发达国家的今天,就是我国智慧农业发展程度的明天,汇金海坚信国内智慧农业发展有着难以估量的机遇。

第 **5** 章

区块链在智慧城市治理建设中的应用

    结合当前世界形势与国内科技发展水平,国家以信息化和新型城镇化发展实际为基础,做出大力发展智慧城市和推进智慧社会发展的决策。智慧城市的建设完美契合创新、协调、绿色、开放、共享的发展理念。

    本章主要从智慧政务、智慧交通、智慧公共安全的角度研究区块链如何与智慧城市"擦出火花",例如智慧政务的数字化、一体化,智慧交通电动汽车、车载网络与区块链结合形成联盟链的发展,以及在公共安全领域,区块链如何将多样的城市安全数据进行组织和结合从而创造出应用价值。在本章的最后,对国内外经典区块链项目进行介绍,并给出上海的区块链+产业建设和南京的智慧公共安全建设的例子。

区块链在智慧城市治理建设中的分类与现状

5.1.1　智慧政务

政务指涵盖政府事务的全部和居民生活的方方面面。我国政府部门体系庞大,人口基数大,行政范围广,造成政务不便的情况时有发生,在区块链、互联网等新技术的冲击下,智慧政务蓬勃发展。

自 2020 年初新冠肺炎疫情发生以来,政府决策管理与社会公共服务整合能力、政府部门间共同协调决策配合工作能力,以及地方政府决策数据综合运用和政策分析能力等都面临着严峻考验,我国 2020 年重点推行的新基建在疫情前期防控和企业复工复产等各个方面发挥了重要作用。伴随着新基建持续深入推进,发展区块链与我国智慧城市体系建设、政务管理信息化体系建设息息相关。

2020 年 4 月 12 日,国家信息中心智慧城市发展研究中心等联合发布《区块链助力中国智慧政务发展驶入快车道》,此份报告主要对我国智慧政务发展状况做出总结,得出政务网络信息化工程发展在世界范围内位于前列,但区块链政务应用仍旧存在深度应用阻碍大、业务梳理难度高、重复建设现象严重的结论。

1) 智慧政务数字经济时代下的政府治理新模式

区块链应用技术会使我国传统生产关系模式发生深刻性的改变,对提升国家经济治理创新体系和社会治理创新能力也提出新的技术挑战。党的十九大报告提出,要继续加快推进数字中国和智慧社会的建设,而实现数字中国和智慧社会的快速建设,都必然离不开数字政务化和信息化来为建设打好基础。

《区块链助力中国智慧政务发展驶入快车道》研究报告显示,在中央政策和地方政府的大力引导、支持和积极推动下,我国电子政务管理信息化应用市场从 2008 年起已经开始飞速增长,年增长率一直保持在 10% 以上。实际上,多地政府在较早期就已经充分注意并看到了发展区块链应用技术所可能蕴含的巨大发展潜力,提出将应用区块链技术应用于公共政务管理服务。政务数据应用在中国政府采购类和区块链交易项目各个类别中间的占比日益增长。

凭借融合分布式数据协同、身份验证、可追溯、不可随意篡改等五大优势,区块链应用技术不仅能够彻底打通电子政务数据孤岛、追溯政务数据信息流通的全过程、明晰权责关系界定、实现电子政务信息数据全方位生命周期高效管理,还能够有效解决我国现有电子政务信息化管理难题,赋予万能智慧电子政务,助力中国智慧电子政府快速落地。

当前世界范围内已有不少区块链政务应用落地,但总体上仍属小范围尝试。这些先行者在探索路上也面临一些难题:一是区块链政务应用的顶层设计和标准规范缺失,深度应用存在阻碍;二是业务梳理难度大,系统安全方面需要谨慎对待;三是未能充分激发已有系统潜力,重复建设现象严重。

2020 年 3 月,国务院发布了《中共中央国务院关于构建更加完善的要素市场化配置体制机制的意见》。该意见正式将数据纳入生产要素范畴,并提出加快培育数据要素市场。此前,为了加快区块链技术在政务信息化领域的落地应用,由国家信息中心、中国移动、中国银联共同发起成立了首个国家级联盟链应用——区块链服务网络(BSN),并从 2020 年 4 月底开始进入全球商用阶段。

作为一项能够有效实现数据全方位生命周期管控的核心技术,区块链将有机会在未来培育要素应用市场中继续发挥不可替换的作用。在国家政务管理信息化应用领域,区块链应用技术将从移动互联网的手中接过深化政务管理信息化制度改革的接力棒。

2)政务领域应用区块链的必要性

(1)信息化快速发展带来一系列问题。

自 21 世纪初互联网在我国发展迅猛,转变了各行各业的运作模式,各种互联网政务平台应运而生,这一转变直接导致数据信息由传统载体向电子载体转移。宏观上看,这为协同政务、高效政务带来了无限可能,但是信息安全问题又不断出现。电子信息在网络上以二进制数据存储,它的客观性、可靠性、不可抵赖性受到许多不稳定性因素的影响。

电子政务数据容易被恶意篡改,且难以发现和验证;电子政务数据的复制无任何成本,使得数据泄露的可能性相对于纸质文件直线上升;信息化的快速发展使得的电子政务不能只仅仅满足于局域网办公环境,如何才能确保电子数据能够在不可靠的移动互联网网络环境下可信可靠地传输,这是一个巨大的技术挑战。

(2)进一步实现"互联网 + 政务"的优化升级。

区块链应用技术在政府电子政务应用领域的有效推广运用,将有助于加快打破目前政务电子服务向"互联网 + 政务"电子服务模式转型的传统信用和安全保障藩篱,进一步加快实现移动互联网与电子政务的技术深度有效融合,优化政府电子业务流程,助力政务电子服务用户体验转型升级。基于区块链的安全特性,通过区块链进行传输的行政数据管理信息系统具有高度的信息安全性和数据可靠性,并且系统能够基于行政网络安全共识体系构建一个纯粹的、跨界的"利益无关"行政信任管理网络的安全验证管理机制,打造一条牢不可破的信任网络"信任链",确保系统对任何一个用户来说都是"可信"的,为行政网络信息交易各方共同营造一个高度安全、深度相互信任的行政数据信息流通网络环境。

(3)提升服务效率并降低信息系统运营成本。

区块链作为新型可信赖的信息接入互联网的技术手段,在企业网络上的数据交互中应用有利于大幅提升企业工作效率,并以为其分布式的数据结构将可以整体有效降低金融信息管理系统提供运营商的成本、减少网络运营商的负担。统计数据分析表明,区块链的广泛应用将为我国政府金融监管机构降低 30%～50% 的监管成本,并在企业运营上大幅节约

50%的运营成本。

分布式的应用区块链数据节点管理能够有效帮助各监管部门在不需要依赖第三方的基础情况下在用户数据传输处理过程中对用户数据源的真实性、原始性等进行实时验证,从而有效确保用户数据实时传输的可信度和关系。由于实时验证数据所需的实时数据哈希值在所有实时业务数据发生时即安全完成了数据同步,因此对业务数据的实时验证及各环节管理能够及时实现完全在数据验证管理部门本地化上完成,从而大大提高数据验证工作效率。

(4)升级服务模式,提升政府公信力。

将数据库记录的海量行政数据通过区块链技术相连接,可以形成跨部门的高效信息网络。在区块链服务节点数据延伸管理机制的基础上,政府部门可以对与个体、企业机构相关的数据进行价值输出,这样一来,个体或企业主体就可以参与数据信息交换和授权过程,从而使得专业机构可以根据信息交换、授权过程对企业进行信用评估或其他方面的分析,让最具有公信力和权威性的政府数据库发挥应用的价值,而政府利用自身数据发挥价值的过程,也就是提升自身公信力的过程。

3)协同政务是智慧政务的一种有效实现方式

把企业管理领域的业务协同电子商务管理思想应用到政府管理领域,就产生了协同政务这一崭新的管理概念。协同政务广泛地指在网络信息化的发展背景下,政府部门之间可以利用网络信息化等技术手段共同进行各种跨部门的业务沟通协作,最终通过改变行政事务管理工作方式方法,实现各级政府公共资源充分利用的新型政府部门工作模式。电子政务系统协同管理关注的一个焦点应该是后端的业务数据资源汇聚,推动前端的业务系统资源整合,最后才能实现整个系统的业务流程的整合优化,提升政府公共服务管理效率。

在国务院办公厅连续发布 39 号文《国务院办公厅关于印发政务信息系统整合共享实施方案的通知》的政策背景下,各级政府相继出台了相关优惠政策,积极推动公共信息系统的资源整合、协同发展创新。随着国家政务信息系统的快速集成发展,系统中的大数据结构呈现出总数据量大、数据容量增长迅速、数据同源异构等三大特点。我国政府工作面临的各种公共服务突出问题日益复杂,一个不同领域的政府公共服务突出问题往往同时涉及多个政府职能部门,需要不同领域政府职能组织或者机构进行协同工作才能有效解决这一问题。政务信息共享系统资源整合关键的是各异构信息系统中政务数据源的有效整合,在信息系统安全协同发展理论研究框架下,诸多专家学者一致认为利用区块链等新一代技术在有效解决政务数据共享的安全问题等各方面都具有很高的应用价值。从顶层设计规划的战略角度要求出发,构建城市协同发展公共服务将推动区块链应用技术广泛应用融入市府政务信息数据共享及政务信息系统资源整合中,进而有效推动市府政务信息系统整合提升服务效率,优化公共便民服务。

在政务协同过程中,数据是基础,通过区块链的技术研究,从顶层设计的角度规划数据共享、协同处理的平台,以电子政务治理理论为指导进行顶层规划和数据治理制度的建设,构建区块链在政务数据共享方面的整体框架,可以有效解决数据安全可信,追踪数据被使用情况等问题。

目前,政务信息系统产业协同发展面临的实际问题,归纳起来主要包含三个主要方面。

(1)系统数据的质量安全性存在问题,数据恶意篡改问题,系统中,如果某些业务手续办理工作人员、系统管理员、数据库系统管理人员多方串通,对系统中某些重要数据信息进行恶意篡改,将对系统中某些数据的质量可信度安全造成严重影响。

(2)由于数据汇聚共享平台的不可扩展性存在问题,当用户有新的数据主体管理机构或系统人员需要同时提交新的数据采集到一个共享汇聚平台时,需要对其进行复杂的数据适配管理工作。

(3)企业数据资源汇聚后,数据工具是否在企业规定时间范围内合法使用,是否被非法获取使用,这对企业数据资源管理专业部门的数据管理技术方法和数据工具使用提出了更高的技术要求。

在我国政务信息系统中,政府数据采集应用面临着诸多复杂问题,区块链采集技术的成功出现,引起了政府工作官员、政务信息系统相关方面技术专家的广泛关注,通过深入研究,发现未来区块链的一些技术创新特点也将有助于有效解决政府数据采集汇聚应用过程中可能面临的诸多问题。

基于以上对政务管理系统信息协同、数据共享问题的分析,结合区块链技术可以实现整个政务信息系统的协同数据共享,系统数据整合的基本架构如图5-1所示。

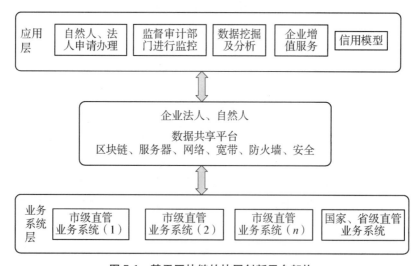

图 5-1　基于区块链的协同创新平台架构

通过数字区块链技术实现政务信息协同,目前主要实现的是个人数字信息身份的"上链",个人身份信息数据在政务协同系统内部的相互共享,基于数字区块链技术实现的中国政务协同创新取得成效主要包括以下三个主要方面。

(1)区块链平台实现信息共享。

区块链技术的最大发展价值在于数据信用和基于数据信用建立数据共享平台,并基于数据共享信任/基于数据信息共享模式建立高效可协作和相互联动的政务信息系统,最后通过这个系统来建设一个基于数据信任和大数据的企业个人信用风险评价管理模型和评估体系,从而把我国政务管理服务创新能力和经济社会公共治理创新能力逐步带入发展到一个全新的发展阶段。

通过与公共政务、便民、公共服务、养老以及助残、医疗、人民公社、教育、民政、住房城建等公共业务系统直接进行信息数据资源共享和信息联动,实现一个高效协作的政务联动数据管理系统,建立各个公共政务管理部门的数据工作信息衔接协调机制,平台能够实现信息互联互通、办公服务数据化、监管全方位覆盖、真实性的数据信息不可随意篡改,能够促进各个政务部门数据管理工作公开、透明、规范化地运行,并以高效相互协作的管理方式努力推进各政务部门公共政务信息服务工作迈向再上一个新的发展台阶。

(2) 区块链平台可实现跨部门无纸化审批。

跨政府部门的日常事务文件审批通常指的是直接通过人工纸质文件出函审批方式,而区块链审批技术的主要特点在于保证了审批数据的安全不可逆、不可篡改和可追溯,通过审批系统实现审批人员资料管理电子化和审批区块链信息存储数字化,加入审批工作人员和企业审批管理人员的信息区块链电子签名档案技术,完成企业电子签名档案的审批区块链信息存储和审批数据共享,实现企业跨审批部门的自动无纸化信息审批工作流程,大大提高审批工作效率,也大大便于企业实现各审批部门的信息联动审批能力。

政务信息数据共享服务平台是以利用区块链存储技术和云平台应用为数据支撑,打通各地和相关政务部门之间政务信息共享壁垒,建立一个横向相互联动的政务工作沟通机制,和公共政务、便民、公共服务、养老以及助残、医疗、人民公社、教育、民政、住房城建等各个工作部门信息相互联动和数据共享并与数据平台接口,建立社会信用体系模型,为每个普通市民自身建立社会信用行为档案,约束其遵守社会信用行为规范。

(3)"零跑腿"便民服务升级。

基于区块链的政务系统协同,将使用数字信息身份最终控制权从数据中心点和服务器直接移交给任何用户,让任何个人可以拥有对使用数字信息身份的最终控制权,以使用个人信息主体身份为研究对象,围绕安全数据、业务、安全三个不同维度,构建出以个人作为主体及其相关联的数据及其相互关系的安全数据资源集合,打造个人数据空间。在此基础上,各个政务审批系统之间可以同时访问利用区块链中可信的个人账户数字信息空间,结合手机人脸识别、电话短信实名制密码认证、电子邮件身份证等,以此方式实现传统政务审批服务的"零跑腿",转变传统政府审批服务管理模式,变条件审批服务为完全信任行政审批,变被动审批服务模式为主动审批服务,基于数字大数据技术条件下的完全信任行政审批服务是我国现代经济社会政府治理的必然趋势。

5.1.2　智慧交通

2019 年 9 月中共中央、国务院印发了《交通强国建设纲要》,纲要提出从 2021 年开始到本世纪中叶,分两个阶段推进交通强国建设。纲要还提出将大力发展智慧交通,推动交通发展由依靠传统要素驱动向更加注重创新驱动转变。以交通科技创新为核心带动产业创新、市场创新,推动相关领域技术和交通运输行业深度融合;以制度创新为助力,推动交通全体系智慧化。

《交通强国建设纲要》是交通领域近年来规格最高的顶层设计,关键在于要求从中长期两个维度规划智慧交通的发展,要求推动大数据、互联网、人工智能、区块链、超级计算等新技术与交通行业深度融合;构建综合交通大数据中心体系,深化交通公共服务和电子政务发展;构建适应交通智慧化的发展的标准体系。

随着中国步入全球汽车大国行列,城市交通运营压力与日俱增,设施质量和运行效率越来越难以匹配城市经济发展需求,智慧交通是国际上为解决道路拥堵、停车难及提升交通安全的一种系统化工程措施,通过综合运用人工智能、大数据等信息科技,能够提升行业资源优化配置能力、公共决策能力和公众服务能力,带动传统交通行业转型升级。

1)智慧交通的发展方向

智慧交通将以区块链、5G、人工智能、数据中心等科技创新领域为基础,推动多个领域朝着智慧化、数字化方向发展。

(1)建设交通大数据中心。

交通大数据时代的来临是智能交通发展的必然趋势。2019年12月交通运输部印发了《推进综合交通运输大数据发展行动纲要(2020—2025年)》,明确以数据资源赋能交通发展为切入点,按照统筹协调、应用驱动、安全可控、多方参与的原则,聚焦基础支撑、共享开放、创新应用、安全保障、管理改革等重点环节,实施综合交通运输大数据发展五大行动。

因此,针对交通大数据建设中信息孤岛、海量数据存储和计算能力不足、系统稳定性不足等问题,推动大数据、互联网、人工智能、区块链、云计算等新技术与交通行业的深度融合,建设先进感知监测系统,构建下一代交通信息基础网络,强化交通运输信息开放共享,有效构建综合交通大数据中心体系,为加快建设交通强国提供有力支撑。

(2)建设完善城市停车生态系统。

城市智能停车管理系统是城市智慧交通建设中的重要部分。目前各地相继制定具体政策,完善公共停车设施体系,补齐城市公共停车设施短板,将物联网、车载终端系统、电子收费系统等科学平台统一起来,用以解决城市停车难的问题,比如鼓励公共停车场建设使用 ETC 收费系统,减少停车收费时间,实现过路停车收费"一卡通"。

作为停车企业,突破传统停车建设和运营模式,优化创新停车生态环境,打造贯穿整个智慧停车产业链的跨企业、跨行业协同建设和运营体系,为行业提供智慧停车一体化解决方案。

(3)推进智能车路协同和自动驾驶发展。

智能车路协同和自动驾驶发展将是智慧交通发展的重点。随着 5G 商业化应用的全面展开,智能交通领域将成为 5G 的重要应用领域,特别是在智能汽车、自动驾驶、车路协同等动态交通细分领域。

2019 年,国内以车路协同技术为主的示范园区建设和驾驶测试一直持续进行中,由此引发的智慧道路、车路通信、高精地图、交通管控等研究建设项目不断。

未来在自动驾驶商业化探索进程中,要实现真正的自动驾驶,需要借助新一代信息通信技术,实现自动驾驶的低延时、高可靠和高速率和人、车、路、云等协同互联。要制订与之相配套的规划和建设,也需要确立产业和技术上的规范标准。除技术探索外,法律法规上的制约也需要进一步加强。

2)区块链加速智慧交通的发展

运力强劲、运能充沛的城市交通系统能够支撑城市在政治、经济、文化、民生等各方面和谐、健康发展。合理利用城市交通设施资源,充分考虑社会公众的出行需要,利用飞快发展的新技术,转变思想提升城市交通综合管理质量,解决交通拥堵、交通安全、环境污染等问题是每一个现代化城市需要关注的重点。

人、车和交通基础设施是城市交通系统的三大核心元素。城市交通系统的现状是移动客流、车流体量大,人们的出行需求难以预测,基础设施配置不均。仅采用传统的、基于经验的交通管理决策机制已无法满足城市精细化管理的需求。信息技术的蓬勃发展促使城市交通综合管理决策从经验驱动向大数据智能驱动转变。在信息采集方面,通过集成智能感知技术,交通部门可获取车辆 GPS、城市道路图片、视频等动静态多源异构大数据。

在信息分析方面,应用人工智能策略对海量大数据进行挖掘分析,获取公交线网、道路拥堵、交通安全等各类指数或指标体系,支撑职能部门做出智能化管理决策。在信息存储计算方面,应用云存储和云计算技术实现海量数据的存储与计算。在信息服务方面,集结车联网、物联网和互联网技术,公众通过实时交通信息展板、信息交互平台获取所需信息,实现便捷安全出行。

智慧交通的核心就是应用现代高新技术将交通需求与车辆和道路联系起来系统地解决交通问题。需要指出,智慧交通具有两方面的智能化,即交通工具的智能化和道路的智能化。交通工具也不再单单指汽车、非机动车,在智慧交通的体系中,交通工具是一个综合科技产品,具有智能交互、自动控制、外部通信、人工智能等多种功能,而人和货物的运输只是一种基本属性。

智慧交通的构建离不开信息共享体系的建立,交通信息共享过程中,主要存在共享难和交通溯源难两个难题。在推进建设我国交通信息共享体系的过程中,跨区域交通信息公开共享机制不健全、跨部门协作效能低、高运转的数据治理体系未建立以及政府和社会双向信息流动不活跃等发展短板也一一浮出水面。出于隐私、道德、网络安全、问责制、互操作性和竞争的原因,持有数据的实体可能不愿共享所掌握的数据,这也是数据共享过程中面临的问题。除了数据共享难以实现外,在交通追溯方面也具有很多难以克服的问题。追溯可简单分为运输追溯和事故责任追溯。交通运输和交通事故的突发性和不可预测性、多属性相互耦合的特点使运输追溯和责任追溯更加复杂繁琐。各实体独立管理和数据上传是导致数据共享难以实现的重要原因。

针对以上问题,基于区块链技术重构城市智能交通平台的方法采用了区块链的区块模型和核心技术,以区块数据为核心,消除了每个实体的集中数据管理,彻底改变了数据采集、数据处理分析、数据存储模式及方法，充分实现了城市智能交通这一多源系统的平台化大数据共享、去中心化和分布式计算，利用区块链的内部层次的规范化操作，可以解决交通追溯的复杂性问题。

3）区块链与智慧交通结合的优势

区块链具有多种优良特性，其中较为重要的是其去中心化特性。在整个区块链中，每个节点都是平等的，并且每一个节点都会将整个区块链上的数据存储下来。当区块遭到攻击时，即使该节点被损坏，仍然不会影响整个区块链账簿的完整性，通过区块链技术去其中心化，实现公平约束，保障智能交通数据整体安全。区块链上的任何区块信息都是不可撤销的，每个区块都不能随意销毁以确保流量数据信息或合同不被伪造，通过区块链技术可以增加智能交通信息的安全性。总的来说，区块链信任度为零，所有用户都是平等的，都有管理员层面的权利，这也意味着交易过程不需通过第三方干预完成，这种特点也正提高了用户交易的安全性。从数据安全性的角度来看，记录在区块链上的所有信息都是加密的。同时，在实际智能交通应用中，通过区块链的可追溯性，可以高效地追溯行为和回溯责任，实现公平公正，促进各项事务高效运行。

4）智慧交通典型应用

（1）绿色出行。

① "去中心化"的智能充电合同。

现代生活节奏加快，越来越多的人选择以车代步，车辆数攀升导致尾气排放量激增，环境污染日渐严重。为此，各大城市为了更好地保护生态环境，倡导节能减排、绿色出行，鼓励公众使用新能源电动汽车。

要实现绿色出行，用户在电池能量不足时能够方便、及时地找到充电站充电是首先要解决的问题。

当前，一些充电 APP 借助车载信息网络帮助用户完成停车/充电的交易操作。用户可登录 APP 查看可用充电桩的地理分布，然后依据自己的意愿随机选择。整个选择交易过程由后台中央处理实体完成。这样的方法一方面没有充分考虑出行者个体需求的差异性，另一方面采用了集中式的管理模式，无法保证人或机器之间的透明、公平、不可撤销的电子交易。

引入区块链的概念，采用"去中心化"的智能充电合同，可以有效地帮助用户选择最方便的停车/充电位置，完全自主地选择服务。具体架构包括 4 个层级：用户层、车载信息交互层、智能合同层和目标层。具体实现过程为：用户综合考虑包括计划路线、汽车电池状态、等待时间、估计充电时间等用户层和目标层信息，然后向沿途各充电站提出付费申请。所有用户平等、公平，一旦智能合同得以执行，用户确定最终停车/充电的位置和价格。

② 本田和通用汽车：智能电网。

本田和通用汽车联合将电动汽车与区块链连接起来，探索处理区块链功耗数据的方法，主要为稳定智能电网的电源，探讨了能源共享计划的可能性，这意味着电动汽车的所有者可能很快就能通过智能电网交换电。

（2）新交通信息管理模式。

城市交通问题涉及方面众多，获得交通信息的渠道涉及各个层面。各类交通信息从采集到分析，从发布到更新，整个流程都是由交通职能部门管控的，公众与其他政府职能部门参与甚少。综合利用公众与各政府部门所有的信息资源，充分调动各级政府和社会公众等多元力量参与管理，才能实现更灵活、有效的信息管理模式。

采取完全开放的信息管理模式，让公众都可作为节点链接信息平台，任意读取或发布交通信息，这种方式并不可取。因为仅仅采用完全开放的、基于公有链模式的信息管理，会带来两个致命的问题。第一，难以保证公众上传的交通信息是真实准确的，区块链技术的数据无法篡改性决定了节点一旦链接成功，发布的信息很难修改。第二，发布的信息即使真实准确，数据完全透明公开可能会带来一系列不可预测的交通运行问题。

有效利用社会公众提供的共筹交通信息，必须做到既能放权给公众，让其参与交通管理，提高管理的灵活性，又能严格管控公众发布的信息，避免不可预测性。

因此，采用多类型区块链协同的交通信息管理模式，放权给公众的同时兼顾信息的合理管控。对交通职能部门采取基于私有链的信息管理模式，即在信任度高的职能部门建立区块链，读取权限对公众有一定程度的限制。

在这样的模式下，节点信任度高，链接速度快，数据不会轻易地被拥有网络连接的任何人获得，可以更好地保障数据隐私。对于社会公众，采用开放式的区块链平台，对安全性、准确性和信任度等需求较低的信息，采用相对公开透明的区块链模式实现信息的发布和流通。通过多等级、多链协同的方式，积极调动多元力量参与交通管理。

多链之间信息如何融合，如何确定信息的信任度，这些问题仍需进一步研究。

（3）信息安全。

随着车联网技术的发展，车辆通过先进的智能感知技术，可以完成自身和周围交通状态的采集。在车载通信系统和车辆终端控制系统的辅助下，车辆可以为用户提供路径导航、智能避障等功能。

车联网技术的核心是每一辆车利用车载单元与其他车辆、固定基站之间的通信，一方面实现交通信息的大范围协同与共享，另一方面通过这些信息实现自身的智能避障等功能。

然而，信息一旦泄露或者被黑客篡改，原本想保护用户安全的智能避障功能可能会成为危害用户生命的功能。因此，只有充分考虑异质性信息网络的特性（车辆节点数量多、移动性强、切换频繁、传输信息多源异构），采用计算快速的信息安全技术，才能保证车辆网络中用户信息的安全性和有效性。

采取基于分散区块链结构的分布式密钥管理方案，可以更好地保证车辆信息交互的安全性。利用区块链的共识过程、封装块来传输密钥，然后在相同的安全域内对车辆进行重新编码，从而充分利用区块链中数据无法篡改这一特性，保证数据的安全。此外，选择动态方案可以进一步减少车辆交接期间的密钥传输时间，适应不同车流量水平下的通信场景。

随着大数据挖掘技术、人工智能、智能感知技术和互联网通信技术的蓬勃发展，城市交通综合管理不仅要继承传统、规范流程,还要转变思路、创新发展,实现智能化、人性化、灵活有效的多元化管理模式。在交通信息化快速发展的浪潮中,区块链技术必将以其去中心化、数据无篡改性和数据公开透明的特质脱颖而出,在城市交通的方方面面融合创新。

电子标识是区块链技术典型的应用案例,高速路口 ETC 应用、共享单车边缘区块计费系统。共享单车每日开锁量高达几十万次,共享单车区域密集高且并发时间段出现网络故障,甚至开锁故障,以区块链方式控制块区内共享单车开锁,以边缘计算支撑块区自动收费的应用已经在企业内部受到重视。多收费主体的智慧决策是智慧交通以区块链自主缴费的一大难点,未来自主缴费可广泛应用于交通其他方面,涵盖 ETC、智慧停车等。道路别车加塞、关键路口逗留造成交通拥堵,均可通过以边缘计算为核心的区块链技术实现自动扣费或者以短信/机器人电话等方式疏通拥堵源头,特别是近期央行数字货币试点无疑也将助力交通治理。

5) 区块链 + 能源网

(1) 联盟充电链。

共享经济是以分散的社会闲置资源为基础,以提高资源利用率为核心的服务型经济。如果能将私人充电桩共享,充分利用社会商业化的私人充电桩为新能源汽车充电,将有效缓解现阶段电动汽车充电的困难,极大地推动国内新能源汽车的发展,然而充电桩运营企业与新能源汽车企业之间存在不同的利益诉求,互相难以取得信任,在充电费用方面容易产生巨大的分歧,可能导致合作难以建立。

区块链技术的出现为这个问题提供了一个不错的解决方案。众所周知,区块链具有去中心化和节点分散特性,将充电桩所有者与新能源汽车开发者通过联盟链连接,能实现汽车充电时自动记账,多方自动认可账目,无账目差异、无人可篡改的充电联盟链,切实解决电动汽车充电难的问题,促进国内新能源汽车的发展。

① 利用区块链技术构建底层服务,为多方互信合作提供基础信息平台。区块链技术作为一种去中心化的分布式服务技术,由于不需要信用中心就可以完成信用转移,可以用于充电桩共享业务,满足实际需求和多方合作的基本要求。

② 将区块链技术与物联网技术进行结合,实现自动化交易。虽然世界上已经有很多公司提出将区块链技术与物联网技术相结合,但真正落地的项目仍然很少,特别是在中国还没有看到成功的案例。充电联盟链的实施将成为一个标杆技术项目,将对信息技术、金融技术和共享经济模式产生重大影响。

③ 安全的系统架构。区块链的引入并没有降低原有系统的信息安全级别。充电联盟链通过多个 VPN 网络和双网卡 cross-networking 方法,在物理和网络上对区块链服务器和已有的后端服务器进行了分离,通过 VPN 的连接权限控制了联盟链的许可机制带来的信息泄漏风险,同时也可以阻止合作中的双方利用区块链直接互联的功能入侵对方的后端服务器。

(2) 能源区块链。

能源区块链是指区块链技术在能源领域的应用,能源区块链示意如图 5-2 所示。

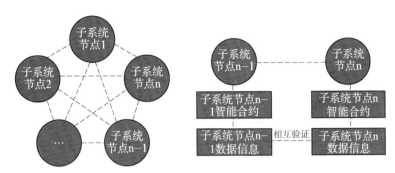

图 5-2　能源区块链示意图

能源区块链具有一般区块链的 4 个主要特点：①去中心化,能源区块链技术基于 P2P 结构,没有中心节点,数据在多节点间备份,数据冗余度高,数据存储可靠性高鲁棒性强;②透明化,整个能源区块链系统运行规则公开透明,所有的数据信息也公开;③系统自治性,能源区块链采用共识算法、智能合约等手段确保系统不需要第三方信任担保和监督,也可以完成系统的自动运行和运行;④可追溯性,区块链在整个网络的每个节点上都使用时间戳,交易信息无法被篡改。

6）车联网

区块链在车联网上也有很多应用,因为车本身是一个物体,在不断流动,车辆信息的管理在区块链上也有完整的交互流程。

（1）车载网络。

车载网络是早期的汽车内部传感器、控制和执行器之间的通信用点对点的连线方式连成复杂的网状结构。

电子控制系统的日益复杂各电子控制单元之间的通信对汽车内部控制功能的影响,点对点链接的使用将增加汽车线束的数量,信息的可靠性、安全性和权重给汽车设计制造带来了很大麻烦。因此,减少车内连接,实现数据共享和快速交换,同时提高可靠性等在迅速发展计算机车载网络,实现了汽车电子网络系统的 CAN、LAN、LIN、MOST 等基本结构。

（2）区块链与车联网信用体系。

车联网中,车辆接收其他车辆广播的事件、路况等信息来确定自身行车方案。如果存在恶意车辆散布虚假消息,将对正常车辆造成严重干扰,甚至威胁驾驶员的人身安全。因此,消息接收车辆需要了解消息发送车辆的信用值,通过对消息发送方信用值的分析判断消息的真实性。基于区块链近几年迅速发展情况,车联网领域同样可以借鉴区块链的核心思想,通过一个去中心化的、分式的、透明的账本来记录、更新车辆的信用值。

在此,介绍一种车联网中基于位置证明的区块链,它替代基于工作量证明的区块链,并通过基于位置证明的区块链保存、更新车辆的信用值。当车辆接收到其他车辆发送的消息时,车辆会查询区块链中保存的消息发送方车辆的信用值,然后通过贝叶斯概率公式判断消息的真实性,如图 5-3 所示。

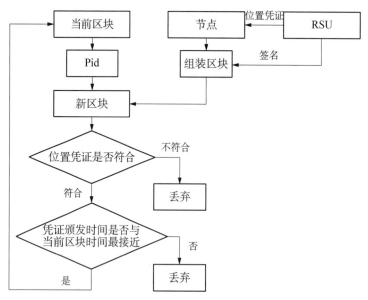

图 5-3　基于位置证明的区块链

基于位置证明的区块链的稳定性 51% 攻击由比特币提出。在工作量证明的比特币中，如果攻击者的算力超过总算力的 51%，意味着攻击者生成区块的速度比合法节点生成区块的速度快。攻击者可以从某一节点进行分叉，由于攻击者生成区块的速度更快，分叉支链的长度最终将超过最长合法链的长度，进而自身变成最长合法链。由于比特币发展迅速、规模大、总算力强，因此对于比特币而言 51% 攻击只是理论上存在。在本书提出的位置证明的区块链中，攻击者无法预测下一个区块需要的位置证明，也无法确保在当前区块确定后最快拿到下一区块需要的位置证明。因此，攻击者若想从某一结点进行分叉，并最终使支链发展成最长合法链，只能通过控制超过 51% 的节点。由于与 RSU 申请位置证明的节点为车辆实体，控制超过 51% 的节点也就意味着需要控制超过 51% 的车辆。显然，针对位置证明的 51% 也只是理论上存在。

分叉是指区块链中有多条合法的平行链，这些链并不是攻击者造成的，而是自然形成的。分叉不利于区块链的稳定性，因为分叉会将合法节点的总算力分散，使攻击者只需要低于 51% 算力便可发动 51% 攻击。在比特币中，节点只会在最长合法链后继续计算区块，因为只有最长合法链才会被认可，计算出区块才会得到比特币作为回报，在其他链上计算区块只会浪费算力，将白白消耗电力能源。在比特币中，由于利益驱动导致不会有大量分叉。

Sybil 攻击是车联网中比较典型的一种攻击。攻击节点通过伪造一个或多个身份广播虚假消息，对合法节点造成干扰。本书提出的位置凭证需要节点，即车辆实体用自己的公钥发出申请，RSU 会颁发给节点包含其公钥的位置凭证。当节点广播消息时，需要附带 RSU 颁发的位置凭证。当攻击节点想要伪造身份发送虚假消息时，由于其无法提供有效的位置凭证，接收消息的节点将忽略此条消息。

（3）区块链与车载网络融合应用展望。

① 动态车辆保险。

保险公司利用收集的车辆数据（例如制动模式和速度）来评估驾驶行为。车辆将自身信息做本地存储,把本地数据的哈希值存储在区块链中,保险公司读取区块链中的哈希值并与车辆提供的信息进行对比,以保证存储信息的正确性。

② 邻车软件共享。

软件提供商将软件哈希值存储在区块链中,车辆从提供商处获得软件后可以与区块链上的哈希值进行对比,以保证自身软件的安全性;在获得软件后,区块链上会记录拥有软件的车辆信息,以便其他邻近车辆进行访问,从而保证邻车间软件的完整和安全共享,并减少对单一数据源的访问,提高效率。

③ 安全的 V2X 服务。

区块链将 V2X（vehicle to everything）中包含的车辆、基础设施、行人等都纳入其节点中,跟踪并记录节点行为,以保证记录的可信性,为车辆和行人提供盲区内的安全提示,减少交通事故,同时辅助事故处理;依靠车辆和行人位置共享,实现方便快捷的乘车服务。

5.1.3　智慧公共安全

公共安全的发展趋势就是与智慧城市紧密结合,再加上区块链、物联网、大数据、实时感知技术,借助智慧大脑进行决策,从而改善城市安全状况,便利人们的生活。

1）智慧公共安全发展前沿

快速的城市化进程对城市民生服务和公共安全模式提出了新的挑战。城市公共安全管理部门亟需对城市感知能力和信息分析处理能力进行升级,打通信息壁垒,构建强化安全的社会公众环境,推动民生服务和社会治安防控体系的深度融合发展。

（1）科技引领安全管理智慧化升级和应用发展。

以人工智能技术为抓手,城市公共安全部门可实现对城市的全面感知,通过从公共安全流程实际需求出发,将已建的视频、音频、传感器等前端感知能力融入日常勤务指挥工作流程,改巡为控,优化业务流程,提升精准管控能力。

公共安全管理正在由业务自动化向应用智能化转变。不断涌现的创新技术使海量数据挖掘、实现隐蔽规律发现成为可能,激发应用需求发展。如今,技术逐渐成为应用发展的催化剂,实现了技术牵引行业应用发展。

（2）事后处置向事前预警转化,大数据向小数据延伸。

随着城市公共安全领域智能化应用体系的建设与发展,城市典型安全事件防范模型逐步建立,重点对象管控手段不断丰富,重点时期重大活动安保方案日臻完善,逐步形成了"早发现、早干预、早预防、早管理"的公共安全管理工作新格局。

通过人工智能技术,实现对海量音视频、传感数据等非结构化信息的结构化处理与挖掘,从城市级宏观运行态势聚焦到城市中的每个主体的小数据,进而实现对单一个体精准刻画,为个性服务和精准管控提供有效支持。

2）主权区块链网络管理公共安全大数据

公共安全大数据资源管理领域目前存在的主要问题：一是公共安全大数据资源管理建设体系滞后，随着城市数字化建设的不断完善和物联网设备的不断成熟，交通系统客流数据、海量定位数据、视频监控数据、用户手持设备数据、网络舆情数据等公共安全数据呈现爆发性增长，然而相关部门未能有效发挥这些数据信息的作用，存在逻辑数据岛、物理数据屏障、数据值密度低、数据隐私保护、难以安全存储等问题；二是公共安全职能部门在大数据时代缺乏适应性改革，大数据时代要求公安部门在组织结构和运营方式上进行适应性变革，然而不同部门之间的信息交互和共享存在着严重的障碍，信息服务难以智能共享；三是公共安全大数据资源管理缺乏较强的技术应用支持，大数据、物联网等技术推广和提升的过程监督和公共安全利用大数据，却难以满足新时代背景下对公共安全大数据管理体系模式完善统一、跨部门信息交互功能完备等的更高要求。

为了实现公共安全相结合的大数据资源管理的效率、安全、和权威信誉，一些学者对网络主权和国家主权监督区块链的基础上，发挥政府监管和社会监督功能，同时针对区块链中公共链、联盟链、私有链三类链的优势特点——公开透明、高效响应、隐私保护，构建面向不同参与者的三链相连的分布式区块链网络，以便公共安全职能部门可在公共突发事件发生的整个周期里过大数据资源智慧管理达到高效安全交互与智能管控。

（1）主权区块链。

主权区块链的概念最早由《贵阳区块链发展与应用白皮书》提出，后来相继引起中华人民共和国工业和信息化部、各企业以及众多学者的高度关注。白皮书指出，主权区块链是发展和应用必须在国家主权构架下，形成社会价值的交付、流通、分享及增值的区块链。其中主权区块链与其他区块链属性特点对比见表 5-1。主权区块链的主要特点在于治理和监管层面，其共识由"代码即法律"演变为"代码＋法律"，以法律法规为背景，在激励机制、数据采集以及应用发展上都具有兼容并包可扩展的特点。

表 5-1　主权区块链与其他区块链对比

	主权区块链	其他区块链
治理	尊重国家与网络主权	无主权，超主权
监管	接受监管	无监管
共识机制	律和框架下的制定规则"代码＋法律"	代码即法律
激励机制	社会价值激励与财富物质激励的均衡	物质激励为主，联盟链可选，私有链无激励
数据	基于块数据的链上、链下数据	只限链上数据
应用	经济社会各领域融合	以金融应用为主

综合公共链、联盟链、私有链难以同时达到去中心化、高效且权威安全这三个要素，而主权区块链又能在治理监管方面提供国家主权支持，表 5-1 所示为主权区块链与其他区块

链在治理、监管等方面的对比。

（2）基于主权区块链网络的公共安全大数据管理体系。

为了充分利用公共安全大数据资源,实现智能化管控,构建了基于主权区块链的公共安全大数据资源管理网络模型。根据数据载体、数据受体、数据拥有者三方的性质,构建公共安全职能部门面向大众的公共链、公共安全相关职能部门之间的联盟链和公共安全涉密体系的私有链,形成公共安全大数据资源智慧共用、隐私保护、权威可信的综合性区块链网络,总体分为四部分:公共安全数据采集、公共安全数据处理、公共安全数据交互以及公共安全数据智慧共用。

公共安全数据采集是公共安全大数据资源数据管理和优化的第一个环节。数据收集主要包括三个方面:城市物联网系统,大众个人手持设备和通信系统,社交媒体和互联网。公共安全数据处理主要分为两个阶段:剩余历史数据、实时更新数据、链下数据和链上数据的统一标准校正以满足共识机制阶段,将校正后的数据进入融合子链阶段。

公共安全大数据资源管理存在着一些尖锐问题,包括数据的隐私安全需求如公众个人隐私数据;数据受体的敏感性程度如普通大众对犯罪嫌疑人家属详细数据的获取;数据利用有效性如将交通阻塞事故数据在公共链上发布给予一定激励措施。根据这些问题,在主权区块链的基础上构建了面向公众的公链、面向公安部门的财团链、面向秘密系统的私链三种链型区块链网络,同时建立公链和私链的激励机制,促进信息的互动和利用,实现公共安全大数据高效共享、隐私保护、权威和公信力的目标。公共安全数据智能共享层是公共安全大数据资源管理系统的最终应用层,之后实现公开的公共数据的有效利用,为公共安全职能部门联盟数据,以及相关的机密数据和解决公共安全的数据壁垒大数据资源,并有必要实现智能信息服务应用程序级别的共享加强公共安全事故的预防和控制。

5.1.4　智慧城市突发公共安全领域

区块链是实现"数字治城""数字治疫"的重要技术手段,借助区块链构建具有公信力的综合数据信息平台,统筹实时数据,构建数据和信息存证溯源,不仅是疫情防控"科学防治、精准施策"的有效方法,也是实现城市治理现代化的重要抓手。

在新冠肺炎疫情防控阻击战中,数据或信息系统面临的挑战主要体现在三方面:一是疫情的紧急性和复杂性给上级协调系统带来很大挑战,跨部门间建立紧急信息联动的统筹难度增大;二是基层组织,包括卫健系统和慈善组织机构等的信息化资质有限,发布信息的透明度、及时性、公信力同公众期待存在落差,在落实国家应急管理"一案三制"的工作中暴露出很多问题;三是公众在信息不对称、信息滞后的情况下,被各种信息浪潮包围时难以第一时间区分真假。总之,疫情防控的不断深入和复工复产的有序推进,对疫情防控工作的科学化、精细化、智能化提出了更高要求,也为建设可以应对未来可能的突发性公共安全事件的有效信息系统提出了新的课题。

本书借助"脆弱性"概念来度量数据系统在紧急性公共性事件中的作用和质量。这一概念在 1974 年由美国学者 G. F. White 首次提出,并在生态学、灾害学等自然科学领域以及社会学、经济学等社会科学领域得到了广泛应用。脆弱性包括受灾度、敏感性和恢复力三个维度。对一个综合性数据信息系统而言,受灾度表现在面临突发事故影响,以及信息的获取和公布是否能满足对多元复杂性因素的分析研判需求;敏感性表现在能否建立及时可信的数据和信息感知网络以应对疫情的快速变化,并在此基础上为科学有效的数据聚集和分析提供有力的数据支持;恢复力则是指数据信息系统在执行实际任务时,甚至是长期任务中所呈现的耐受力、容错力和自纠力,以及在此基础上所形成的公信力。

1)完善基于区块链技术的综合数据信息平台

(1)建设"区块网格"机制。

"区块网格"机制是指依托区块链技术完善网格化治理手段,实现信息存证和追溯,落实主体责任,强化担当意识。基础数据的真实准确是上层数据分析应用的前提,也是科学决策和研判的基础。在特定时期,利用制度优势发动大量人力物力进行拉网式排查,实施网格化疫情治理,初步取得良好效果,但在基层操作落实中也暴露出一些问题。这些问题重点表现为落实疫情防控政策不深入、不扎实;对上级部署和安排不认真执行或者消极敷衍;弄虚作假,瞒报、漏报疫情信息;"表格抗疫""刻意留痕""一走了之"等形式主义现象时有发生,不仅造成了统一部署决策的局部空转,也对疫情总体研判带来了诸多不确定因素。造成这些问题的客观原因可归结于三方面:一是表出多门,基层疲于应付;二是对基层落实效果缺乏可考核性,某些考核过于频繁和机械;三是缺乏对数据的来源和操作的存证和溯源。

因此,从技术角度看,为进一步建立和完善网格化治理体系,需要在数据信息系统方面着重解决两个问题:一是对疫情数据质量的置信问题;二是对基层及各级数据操作相关人员的监督问题。区块链的技术特点,使之可以结合并强化现有网格化治理平台,有效保障数据的质量,提高数据采集的实时性,并降低治理成本。在基层网格中,可以通过群智感知和数字签名技术,充分发动群众参与到数据的实时采集中来;通过区块链技术实现数据来源可追溯,进一步建立"谁举证,谁负责"的群智数据采集激励机制。在基层网格之上,将网格分级分块管理,分别在各级网格建立区块链信息存证和追溯机制,从技术手段上落实各级网格的主体责任,形成"群众参与、分级负责、人人监督"的疫情防控体系。同时,充分考虑区块链在基层网格部署的难度,通过区块链云的形式,为网格数据操作提供简洁透明的云端接口,使区块链相关操作彻底融入现有网格治理平台,不额外增加基层数据操作员的负担。

(2)建设"区块互联"的数据共享机制。

"区块互联"是在区块网格的基础上,构建以区块链为基础的数据交换体系,交换共享医疗资源、各类物资供给、交通、社区等跨部门信息。在突发性公共事件中,科学精准的施策需要通过大数据来对实际情况进行全面掌握。在疫情防控中,更需要集合来自公安、民政、卫健等各部门的信息,并统筹民航、交通、物流、商业等各方面的资源和力量。现实情况是各部门甚至同一部门的各级单位都有自建系统,因此在执行任务时不可避免地造成数据重复采集、多头采集、多次采集,为基层工作平添负担。例如,媒体报道湖南长沙某社区一共 12 名工作人员,每天要承担巡查、协调、宣传、消毒等工作,在如此紧张的工作压力下,还要安排两名工作人员做"表哥表姐",专门负责应付各类表格的登记造册和上报任务,造成基层防控力量的严重浪费,甚至因此影响到一线的疫情防控效果,而信息传递与沟通的延迟也会影响对实际情况的准确掌握和研判。

从科学治理的角度看,多元信息的汇总和聚合至关重要,而数据集成的基础可以借助区块链连接各个数据孤岛,将分散自治的各个信息中心及主体机构的数据目录及部分数据上链,依托区块链建立分布式信任机制,利用区块链的共识算法实现多主体间的信息交换,通过安全协议保障数据通信安全、防止数据篡改,通过认证机构对数据进行上链验证。这些技术可以解决当前数据汇总中通常采用的"点对点数据交换"和"集中式数据共享"所带来的信息传递延迟问题,也可以避免重复采集所带来的数据质量和成本问题,避免多方数据采集所带来的多元异构数据集成问题,并且降低数据共享成本,促进数据流转,显著提升数据质量和交换效率。另外,数据的连通和共享可以从技术上减少类似"表格抗疫"等形式主义滋生的土壤,保护基层工作人员的积极性。

(3) 建立具有权威公信力的统一信息发布平台。

在区块网格和区块互联共享机制的基础上进一步依托区块链建立具有权威公信力的统一信息发布平台,区块链作为"信任机器",具有信息存证和溯源的功能,从技术上可以为公众提供有公信力的信息来源,为各级新闻媒体提供权威的信息素材。在疫情防控中,信息不对称将带来诸多问题。不对称性主要存在于三个方面:地方系统和中央系统的信息不对称,跨部门之间的信息不对称,以及公众的知情诉求和实时信息发布之间的信息不对称。如果拥有统一的具有权威公信力的相关信息发布平台,也许在疫情发展初期就可以避免对部分人事的片面轻率处理,从而有效发挥新闻和舆论监督的作用,有助于将疫情阻断在源头;也许在疫情逐步升级时,相关组织团体和社区就会更早认识到疫情的严峻性,将疫情传播的速度降到更低;也许在疫情防控攻坚战时,公共舆论和新闻媒体的舆论监督作用就能得到更及时的正面引导,有效避免"谣言比真相跑得快"的情况。区块网格和区块互联机制为统一信息发布平台提供数据依托,而统一信息发布平台也是区块网格和区块互联机制信息运作的最终归属。通过依托区块链的统一信息发布平台,可以在技术上保障信息来源准确可溯,从而使信息发布做到正本清源、立此存照,真正使得重大信息和重大决策能够经得住时间的考验,对时间负责、对历史负责、对人民负责。

2) 区块链在全球公共事务治理中如何发挥作用

2003 年的非典疫情让人们开始通过互联网这个新兴渠道获取和传递信息,在电子商务真正改变了我们的生活模式之外,还通过网络监督、网络问政、网络施政等方式推动了社会治理的巨大进步。2020 年的新冠疫情跟全球之前的一些其他性质的公共事件一样,治理的过程往往都无法做到事事顺意,甚至有时候还会事与愿违。

因其性质上的"公共"的特点,导致相关参与方众多、相关利益方多元、相关关系者复杂、相关方目标不同……所以公共事件的有效治理在全球都是一件几乎不可能完成的任务。尤其在信息社会时代,在复杂的网络背景下,从 2003 年的非典到现在的新冠病毒,单靠自上而下的治理机制已经越来越难于包打天下甚至越来越难于有效管控了。这不仅是因为近十几年高铁的发展导致人员在全国的快速流动,更是因为互联网尤其是社交网络的发展所导致的信息发布、传播的多元,甚至过度。

信息化时代,复杂网络结构带来的复杂社会现象给全球的公共事务治理带来了很多新的问题;但数字化技术也给全球公共事务治理创造了很多新的工具,比如人工智能、云计算,以及区块链。区块链在防疫抗灾中能起到以下几方面的作用。

（1）最优化公信实现。

公共事务的治理往往需要多方信息的互通、互证、互享,而且这种互通、互证、互享必须低信任成本并且及时、高效、可信。分布式账本最基本的技术特点就是数据可由参与各方添加,由参与各方互证、互认以实现不可篡改、不可撤销。公共事务治理当中的信息公开、存证和溯源,是一项最好不过的区块链应用了。利用分布式账本技术来做善款的追踪、食品和药品的溯源、项目进展的透明化等,早已经是通过区块链实现的很成熟的解决方案了。

任何突发的公共事务,一定都是短时间里全社会范围内万众瞩目的事件,由14亿中国人昼夜"监工"武汉临时医院的建设就是一个明证。给全社会一个可靠、可信并且公开、透明的证明,可能是让全社会最快达成共识,最快产生公信的最好方法。

（2）最高效多方协同。

公共事务的治理往往需要多方参与,需要大规模甚至全社会的协同作战。全球大多数公共事务治理过程中出现的处置不当、处置效果不彰或者处置效率很低等问题,都与不能很好地协调参与多方来有效地进行大规模协同作战有关系。区块链被设计成一个多方参与记账,共享一个账本的系统总账,可以获得社会认同,进而凝聚全社会的力量。

公共事务的治理模式不能照搬公司事务的治理模式。自上而下的集中决策机制在面对公共事务治理时,至少在这三方面可能力有不逮:一是无法有力地协调众多外部或者跨界的参与方,对很多的外部参与方,决策者不可能每个那么熟悉;二是对发生在边缘、底层的复杂情况和紧急情况反应不及时,甚至毫无察觉;三是术业有专攻,公共事务的治理需要汇集众多的资源与能力,它不是一个集中决策机制所能够涵盖的。

区块链分布式总账系统就是一个帮助建立大规模协同作战的技术,从而实现开放节点接入许可、依据各自角色担任特殊节点、共享所有数据、共同确认数据、分别负责各种任务等个方位协同。

（3）最有效激励机制。

公共事务治理的参与方往往是不同利益主体,所以需要尽可能地照顾到各方利益,才能发挥出各方的积极性。清华大学贾西津教授论述过政府保障责任和社会志愿机制是公共事务治理当中的两种资源配置机制。政府保障责任与社会志愿机制是相辅相成、互为补充、缺一不可的。但如果对社会志愿机制实行统筹调配,又会打击社会志愿机制的积极性。主要原因在于:因为公共事务治理的非营利特点,吸引各参与方积极参与的利益诉求不再是经济利益的分配,因此不能再依靠中心化机构来掌控、评价和分配。社会志愿者的动机可能是同情心、家乡情、社会声誉、慈善公益、个人英雄主义、企业文化、医学研究等,面对疫情事件利益相关者的正当利益诉求,如何建立一个足够满足这些五花八门利益诉求的激励相容机制,只靠原来熟悉的统筹调配机制显然是无能为力的。

区块链的激励机制本来就是为了解决对利益相关者激励相容而设计的。区块链是在世界越来越平、社交关系越来越虚拟化、机构越来越平台化网络化、经济和社会活动越来越数字化的时代,为了解决去中心化治理的有效性而诞生的技术系统。区块链的激励机制不是用来有效解决中心化事务处理模式的激励问题的;它是用来有效解决利益多元化的、去中心化的、利益相关者模式的有效激励问题的。

因公共事务治理的非营利性,相关参与方肯定不能用经济手段来调动积极性,尽可能地照顾到所有参与方的不同利益动机,建立一个有效的、激励相容的激励机制,是决定公共事务治理成败的关键之举。

（4）最可靠隐私保护。

公共事务治理往往是跨界、跨行、跨专业甚至跨国的:中国疾病控制当局从一开始就积极向世界卫生组织和全球主要国家通报了在中国发生的疫情及基因分析情报,以寻求全球合作。这种情况下,陌生人或互不相关的机构要达成合作关系共同解决世界性的公共事务问题,确认合作意向也许并不困难,但真正开展实质性的合作,往往就会涉及参与多方的数据交换和数据协同计算的问题。毋庸讳言,各国、各行业、各个人都存在数据主权、数据产权、数据隐私的确权和保护需求。坚实可靠的数据确权和数据隐私保护是跨国、跨行业、跨个人大规模合作的前提条件。

区块链的分布式账本、共识记账、经济激励、社区治理再加上诸如哈希函数、零知识证明、同态加密、可验证计算、安全多方计算等密码学算法,是上述世界性合作博弈难题到目前为止最优雅的解决方案。

3）区块链技术在新冠病毒防疫战中的作用

新型冠状病毒疫情目前给我国和世界造成的巨大的社会影响和经济损失目前仍在持续,而除了有效监管、宏观调控、调动医护人员赶往前线等强有力措施以外,加快应用新技术助力疫情监控、医疗物资的生产调配以及公益慈善工作的有效开展也成为新的重要研究课题。

区块链技术具有“分布式”“去中心化”“不可篡改”“透明性”等诸多特性和优势,在此次疫情中,区块链技术不但在慈善捐赠追踪、疫情追踪以及医疗数据管理、医疗用品和药品溯源方面有所应用,而且有利于在社区疫情防控过程中实现社区人员流动的精准管理和动态监测。在跨机构跨地域的信息信任以及协作,打破医疗领域信息孤岛等问题上,区块链技术具有天然优势。

（1）区块链＋公益慈善:让数据更透明隐私更安全。

公益慈善是一个天然多方参与的领域,公益组织面临着高效率且公平地分配巨量前线物资的难题;捐赠者难以点对点准确地捐给受捐主体,无法了解每一笔捐赠款或物资的去向;公众若缺乏有效监督途径,容易导致信任缺失。

　　区块链技术可以建立一套公开透明可追溯的系统,在这个系统里的捐赠方和受赠方可以对每一笔款项的始末进行查询,信息可以包括发放的次数以及使用方式,落实到每一个环节。当区块链技术将所有的捐赠信息上链,这样一套系统可以有效地降低分歧、提高效率。区块链技术核心价值之一便是其分布式结构,这可以提高效率、简化流程。就此次疫情而言,区块链技术让捐赠物资来去更明晰,同时也有利于提高公众参与度。

　　在知名区块链技术研发公司 Findora 建立的区块链系统平台上,数据将被加密传输,不会被任何人滥用。例如,红十字会可以保证自身的透明公开性,同时捐赠方和受赠方又获得了隐私保护,在第三方或公众需要审查时又可通过零知识证明等技术审计数据,那么做善事则不会暴露隐私。其中,审计工具可以让捐赠方能检索到私有数据,即使低调做好事,也可以随时上链查询自己的保密数据。

　　(2)区块链+疫情预警:让疫情监控预警更及时。

　　2008 年 4 月起中国在全国 31 个省(直辖市、自治区)运行国家传染病自动预警系统,建立自动预警与响应机制,并实现了对 39 种传染病监测数据自动分析、时空聚集性实时识别、预警信号发送和响应结果实时追踪等功能,上报方式也从传统的人工上报逐步发展到信息化和 IT 化上报模式。

　　各级疾病预防控制中心可以在区块链系统中注册节点,将传统的"传染病上报系统"垂直上报模式平面化,为疫情信息传达加速预警。当单个医院发现疑似疫情的病例之后,将信息上传至链上进行全网播报,由于区块链公开透明、数据不可篡改和可追溯的特性,各个节点都能够在第一时间获取准确的上报信息,减少信息传播的时间和误传可能性。通过统一的信息预警平台,防疫中心可以对疫情做到实时获取、实时预防,克服传统疫情的滞后性。

　　(3)区块链+行程监控:让人员隔离更有效率。

　　疫情对交通更大的挑战是疫情期间车辆管理不完善,大量旅客车辆滞留外地,各地如何有效识别车辆和监控人员流动成为难点。在万物互联时代,手机、APP、公交卡等都在采集人们的隐私数据,通过这些数据可以轻易地确定一个人的行程路线,但在整合数据的过程中可能会涉及隐私泄露的问题。如何保护个人隐私安全的同时,又能够让人们自愿如实上报自己的行程,从而保证能够高效准确地找到疑似感染人群? 针对这一问题,通过区块链和密码学中的零知识证明等技术,可以筛查比对每个人与确诊患者行程交集,同时确保用户个人隐私数据安全。采用区块链存证的做法将用户的行程信息上链,还能避免信息被篡改,在面临医疗资源短缺的情况下,可以有效避免部分人伪造个人行程以换取优先权。通过将密码学技术与区块链结合,可以将现有的确诊患者同乘查询扩展到更大范围、更多渠道。

　　在大数据和人工智能的协作下,区块链技术通过多区域数据共享,为车辆与人员的精确管理提供了有效的解决方案,做到疫情防控的有效监控。

　　(4)区块链+医疗数据共享:让疫情防控更透明。

　　疫情开始之初,由于各个医院之间的数据流通迟缓,患者数据统计不及时,对疫情的判断和收治工作产生了很大的影响,各个医院医疗机构出现了典型的数据孤岛问题,利用区块链技术建立一套高效共享的数据网络,将极大地提高疫情统计效率。通过共享救治病人的数据可以帮助医疗机构救治能力互补,更好地实现救治任务。

在药品以及其他医疗用品的供应链管理上,区块链技术也将发挥巨大作用。从药品的生产来源到药品最终到达患者手中,区块链技术通过建立一个完全透明的数据库,可实现全过程监控,且数据不可篡改。在这个过程中,药品每一步的流转都将被详细记录,有效保证医疗用品的安全。

区块链诞生至今已经十余年,而区块链在公益、医疗等公共事业上的应用实践才刚刚起步。在抗击新冠疫情的战役中,区块链技术的巨大潜能得到初步体现,虽然本书中提到的一些技术还没有被完全应用在现实生活中,但是已经让我们看到了其在社会公共事业中发挥力量的希望。随着区块链技术的成熟,合理有效地利用区块链技术将助力防治病毒、重建社会生活,为未来的公共事务提供更好的服务。

5.2　区块链在智慧城市治理建设中的实践案例

区块链是第二代的价值互联网,第一代互联网完成了信息的交换,而区块链的互联网则带来了价值的交换。智慧城市之所以智慧,就是指挖掘数据背后的价值,在这基础上各国政府对区块链都采取了明确的拥抱态度。由于目前区块链技术应用的项目在国内外各大城市火热上马,下文仅列出几个比较有代表性的案例,分别是国内外区块链电子政务应用场景和南京智慧公共安全案例。

1)国外区块链+公共服务案例

联合国与世界身份网络组织在人道主义区块链峰会上宣布合作声明,利用区块链技术进行身份认证试点项目,将数字身份储存在区块链上,能提高抓住罪犯、找回儿童的概率,并且可以保护隐私,可以追溯和预防人口贩卖活动。联合国等国际性组织注重采用新技术进行公共事务运行和管理,在约旦难民援助管理中,通过其技术合作伙伴使用区块链技术进行资金援助和支持,难民可以通过一个基于以太坊的支付平台获得财政援助,提高了转移支付的可溯性和可信性。

英国警察基金会的报告阐述了区块链将如何改变英国的刑事司法系统,为每一个服务用户提供更好的体验。该报告表示英国的司法制度仍然依赖于纸质文件和传统的 IT 系统进行工作,导致工作效率低下,大量人工、手动处理的繁琐程序导致只有一半的审讯如期举行,多方参与记账成本高、出错率高。英国进行数字化工作卷宗管理、线上申诉流程的试点,已初步凸显区块链在降低成本、优化工作流程和改善服务质量方面的优势。

荷兰司法部利用区块链技术构建数字化法律体系,通过类似智能合约的形式实现去中心化、自动执行和人机互动的法律执行。这个智能合约平台在设计时充分考虑了机器语言的自动执行和现实情况的复杂性,既保证了一部分任务的自动执行,又将部分特殊情况的处理置于人类可控状态。

2）BCB 的智慧城市解决方案

在多种维度上，区块链可以赋能智慧城市，让城市生活更加便捷和安全，BCB 区块链就是一个为了智慧城市而生的区块链项目，它的全称是 build cities beyond blockchain，意为建立区块链之上的城市，于 2018 年 3 月在新加坡注册。

与许多所谓披着区块链外表的"空气链"不同，BCB 在智慧城市上的应用是有目共睹的，如缅甸亚太水沟谷经济特区（又叫亚太城）的成功案例。亚太城是第一个使用 BCB 区块链的智慧城市，也是中缅推动"一带一路"建设的重点项目。

（1）BCB 生态系统架构。

① 区块链底层架构：作为专为智慧城市解决方案服务的公有区块链，BCB 公有链对区块间隔、区块容量、共识算法进行了优化，在性能上获得比以太坊快十倍以上的处理速度，实现 10 000 的 TPS，已超过市面上 95% 的公有链。BCB 主网采用 BFT - DPOS 共识机制，交易确认时间仅需 3 秒左右。目前，BCB 主网钱包已实现秒级转账效率，交易费用低至 6 分。同时 BCB 通过引入模块化的虚拟机、智能沙盒、价值交换机制，创造了一个低成本、高性能、易于扩展、便于定制使用、体验极佳的区块链网络。这为想要在 BCB 区块链底层上开发智慧城市应用和解决方案的第三方开发者提供了非常有竞争力和吸引力的选择。

② 分布式数据存储系统：BCB 是运行在 Dockerhe PBFT 算法之上的分布式账本系统，主网设置 21 个超级节点，对有海量存储要求，数据庞大的系统特别适用，非常利于商业化的使用场景。智慧城市需要记录和存储的数据非常复杂，不但包含自然环境、各种基础设施、建筑、人和组织、各种事件等的数据，还包括存储亚太城的土地契约和各种财产等数据。利用 BCB 区块链技术构建的交易数据基础设施具有安全、稳定、出块迅速、效率高、实用性强等优势，能让城市中所有行业使用 BCB 区块链作为安全数据层。

③ 公链智能合约：BCBchain.io 开发的智能合约 BRC20，可以为 BCB 生态系统中的各类项目和服务开发和发布实用性代币，用于开发人员和服务提供商获取 BCB 上的资源使用，还可以用于其子生态系统中的用户激励。同时 BCB 针对各种行业提供的智能合约可以用于具体业务的执行、履约等。

④ 第三方支持：向开发者提供各种智慧城市解决方案的分布式应用程序 API 接口以及 DAPP 开发 SDK 工具包，可以支持用于智慧城市的任何去中心化应用程序，如去中心化游戏、电子商务、资产托管、数字钱包、支付系统，一般保险、医疗记录等的应用，同时也向开发者和用户提供了 DAPP 分布式应用市场。

⑤ 基础设施建设：在网络通信层提供实现从 3G 到 5G 甚至 6G 的前沿解决方案，同时在基础设施层面 BCB 利用区块链技术构建的数字货币支付体系、能源计量系统、环境信息采集监控系统、计费缴费系统等配套均已经在亚太城成功落地，并实现智慧城市公链智能合约自动执行效果。

（2）BCB 解决方案（表 5 - 2）。

表 5-2　BCB 解决方案

解决方案	具 体 内 容
技术支撑	以区块链底层架构、分布式账本、数据存储、信任机制、共识机制等模块组成的技术支撑
支付保障	以 BRC20 智能合约、数字钱包、银行卡以及各种支付通道支撑的支付保障
基础设施	以网络技术、能源、资源、设施、计费和支付系统、第三方开发支持系统等构建的基础设施支撑
合作通道	以团队、资金、人才、教育、技术、资源等支撑起来的合作通道

这里重点讨论支付保障,目前比特币作为区块链唯一的最成功的应用案例已经十分成熟,BCB 应用区块链技术提供支付保障解决方法存在以下几点现实基础。

① 打通东南亚支付通道:菲律宾最大的水疗机构支持 BCB 支付,而且使用 BCB 支付还能享受非常优厚的折扣。早在 2018 年,东南亚最大的电商平台币多多 Loong delivery 已经跟 BCB 进行深度合作,接入 BCB 钱包支付方案,可直接用于线上购物,东南亚的大型休闲、娱乐、商业和博彩场所,几乎都已全面支持 BCB 的线下支付。

② 打通传统支付通道:在 BCB 发布不久,国际支付巨头 MasterCard 就与 BCB 达成深度合作,联合发布了基于 BCB 研发的银行卡,这也是全球首次将数字资产直接与传统支付挂钩。

③ 打通跨境支付和清算通道:BCB 银行卡不仅实现了跨境、跨国、跨行、跨 ATM、跨POS 机等多环境取款,并且支持在全球 9 100 万个商店消费,使用多国法币与多种数字货币进行支付。扎克伯格费尽九牛二虎之力想让 Libra 实现的,跨境支付和清算目标,BCB 在2018 年就已经实现了。

当然,支付作为在亚太智慧城的落地切入点并不代表 BCB 在亚太城的布局只有支付这一个领域,BCB 在亚太城的智慧城市解决方案是从零开始围绕城市中的智能设备而建设一整套生态系统。

(3) BCB 的进一步尝试与探索。

① 柬埔寨:继缅甸亚太城智慧城市解决方案成果落地之后,BCB 与柬埔寨的七星海长湾签署了战略合作协议,开始研发适合于柬埔寨的智慧城市解决方案。

② 菲律宾:由菲律宾科技部牵头,BCB 与菲律宾不同地区的 44 个商业组织以及 50 多所大学近一百万学生群体合作,全面开启基于 BCB 公链上的智慧城市、游戏、科技板块的创新创业计划,代表 BCB 在菲律宾正式开启全面落地化进程。

③ 东南亚其他国家和地区:BCB 与东南亚一些国家政府部门,如马来西亚政府展开合作,展开智能水电表、金融支付、农业溯源、去中心化游戏等多方面的研发。目前,基于 BCB区块链技术研发的智能水电表和具备多币种存储支付技术的银行卡均已在亚太城落地,并投入实际运营中。政府层面的合作既是对 BCB 实力和能力的认可,也代表着 BCB 将来的路会越走越宽。

（4）BCB智慧城市建设的经验与教训。

BCB建造亚太城智慧城市的案例创造了一个由解决方案、开发商和合作伙伴组成的全球生态系统，围绕区块链智慧市去做全面深刻的探索。从中吸收到的经验可以总结为以下几点。

① 从零开始效果更好：智慧城市的建设更看重城市的一体化，城市的各种功能的协同不仅要求数据的互通共享，还要求响应平台的沟通和协作，也涉及不同职能部门的协调。从零开始更利于统筹规划实施解决方案，也更有利于各种沟通和协调，以及技术、资源、基础设施的利用。

② 从最擅长的领域切入：BCB是从支付领域开始亚太城的落地，这正好是它最擅长的领域，而且在这方面已经有了很多实际应用，取得非常不错的成绩，在一个新城去落地自己确定性最大的业务自然更有把握。

③ 借力借势开展广泛合作：与亚太城的合作也是与缅甸地方政府的合作，有了政府的认可和支持后期工作开展会顺利很多。BCB的合作通道还有很多，这也是一个复杂项目取得成功的必要条件。

这个案例中还有一个需要提及的地方：BCB是缅甸亚太智慧新城唯一的区块链投资方，区块链技术供应方和集成服务商，以及缅甸亚太智慧产业新城的技术解决方。这就意味着在亚太城的建设中，区块链的解决思路可以由BCB来做规划，这会减少后期很多数据协调，互联互通方面的精力付出，也更有利于BCB从零开始打造一个集所有智慧化功能于一体的开放平台，这也从更深层说明了BCB的实力和价值所在。

3）智慧公共安全之"南京方案"

南京市"2019年中国最安全城市"排名仅次于澳门，居内地城市第一，多次被列入全国十大最有安全感城市，连续10年获评全国最具幸福感城市。南京，是网友口中"三逃"来了就出不去的地方，是一座安全感"时刻在身边"的城市。在各类排名榜、好评榜背后，是这座城市多年来对智慧公共安全的执着探索，是坚持创新驱动建设智慧城市的硬核实力。

党的十九大报告提出，建设平安中国，加强和创新社会治理，维护社会和谐稳定，确保国家长治久安、人民安居乐业。近年来，南京以打造"最安全城市"为目标，以总体国家安全观为统领，围绕加快推进国家大数据战略、省委省政府建设"强富美高"新江苏的决策部署，按照"创新名城、美丽古都"的战略定位、提升城市首位度的工作导向，在《"十三五"智慧南京发展规划》总体框架下，制定发布《南京智慧公共安全"十三五"规划》，编制年度计划，全力打造智慧公共安全"南京样板"，为高质量发展提供强有力支撑。

（1）智慧"天网"。

城市公共安全涉及多个方面，南京智慧公共安全建设从顶层设计入手，"一张蓝图绘到底"，有机组织各部门、板块"攥指成拳"，打通"数据孤岛"，构建了一张横向到边、纵向到底的城市公共安全大网。

2019年7月起，南京正式开始对行人、非机动车闯红灯行为进行处罚，除了路口电子大屏曝光，南京市公安局交警部门还联合征信部门记入交通信用失信记录。新政效果立竿见影，在汉中路与兴隆大街、北京东路与太平北路交叉口等12处抓拍点，交通违法现象显著下降。南京市公安局交警支队总工程师介绍说这是多元感知仿真技术在道路交通应用的体现，可自动实现感知即时警示，在国内处于领先水平。除此之外，交通运管部门建立交通管控预测分析系统和交通运输综合数据中心，推出智能信号灯控制、车辆缉查布控等智慧交通应用，南京市交通拥堵指数持续下降，得到公安部高度评价。某苏 A 牌照的私家车行至南京中央路、湖南路交叉口时，四面红绿灯全部变成红灯，车主愣住的工夫，交警已经将其包围，原来这是一辆有着上百次违法记录的"过检"车，被街头的电子警察"盯"住后，警方对其设置多重包围圈，车主插翅难飞，只好束手就擒。

　　智慧南京中心聚焦公共交通出行、危化品管控、消防安全、地下空间及地下管线监测等十大重点领域，全面感知城市运行状态，实现城市日常运行管理以及突发事件应急联动的全景指挥；应急管理部门构建应急综合监管平台体系，"一平台八系统"实现了风险防控网格化、预测预警智能化、预案体系数字化、指挥调度可视化的运行机制；市场监管部门依托一体化管理云平台，率先设立"96333 电梯应急处置中心"，使南京市成为国家电梯物联网示范城市，食品安全监督抽检率保持全省领先，全市各类工程项目质量合格率达 98% 以上；建设管理部门运用智慧工地监管平台启动了工地差别化管理，对环保措施到位、扬尘管控有效的智慧化工地发放"绿色通行证"；城市管理部门建立"两票制"智慧渣土监管平台，实现建筑工地、渣土处置场电子"双向签收"，实现渣土处置全过程信息化监管，促使老式渣土车年淘汰率达 20%；环保部门创新建立城市物联网和窄带网综合感知平台、生态环境立体多源实时动态感知平台"生态眼"，实时采集、传输和交换全市水环境、空气质量、噪声以及取水口的环境监测感知物联信息；网信部门强化"网络空间命运共同体"意识，研发部署"网络欺诈预警拦截系统"，强化日常网络安全监测预警，牵头推进自主可控信息安全产品在项目中的使用，确保关键安全设备自主可控率达到 90% 以上……

　　多方齐心协力，南京智慧公共安全发展硕果累累：南京公安民意"110"获中国城市治理创新奖最高奖项"优胜奖"，微警务荣获"全国公安网络十佳正能量榜样"称号，南京智慧工地监管平台被评选为全国优秀信用案例，交通车驾管服务连续 8 年被公安部评为全国一等水平；南京被列入国家食品安全示范城市、国家生态市，多年位居全国最安全城市前列，连续 10 年被评为中国最具幸福感城市，极大地增强了市民的安全感、获得感、幸福感。

　　（2）智慧警务。

　　某天中午，一辆停放在南京市丹凤街的电动车被盗，接到报警的民警立即调取监控，随后佩戴智能眼镜等设备沿街巡查，在凯瑟琳广场附近，设备发出报警提示——疑似目标出现！民警立即行动将嫌疑人拿下，此时距离案发时间不到两个小时。

　　这不是美国好莱坞大片中的场景，而是南京市公安局玄武分局用高科技破案的真实一幕。破案用上高科技，对南京警方来说，早已不是新鲜事。党的十八大以来，南京市抢抓移动互联网、大数据、云计算、物联网等新一代信息技术发展机遇，不断推进技术与公共安全深度融合，推动一大批应用先行先试。南京公安通过搭建"13588"智慧警务新体系，提档升级"一网一中心三平台"，即警务大数据中心、指挥平台、警综平台、办公平台等，拓展"智慧刑侦、智慧交通、慧治安、政能量、廉政脸谱"等"智慧警种"应用，积极建设"无人警局""智能办案中心""智慧派出所""智慧三站"等"智慧所队"典型,深入研发移动警务通、智慧警车、智慧穿戴等"智慧单兵"系统。从单警智能警用装备到高清探头全覆盖,从自建600千米主干光纤到3.0版本"微警务",南京公安借助科技力量,打造智慧化警队,让各类高科技变成平安的守卫者。

南京市公安局大数据中心好比"智慧大脑",通过数据收集、挖掘与分析,支撑全局智慧警务应用,重点服务"打、防、管、控"治安防控体系,助力服务政工、纪检等警务保障体系。以2014年起推出"南京公安"微信公众号"自助移车"服务为例,目前已实现智能化,系统后台可自动完成数据交互、信息查询,还能充当语音机器人给车主拨打语音电话通知挪车。原本占报警量1/4的挪车服务全部实现无人化,宝贵警力被解放出来。南京市在全国首创的"二维码门牌""我的南京"APP上相关服务都是基于大数据而来。

南京市2017年申报成为"雪亮工程"全国重点支持城市以来,逐步建立完善多维度全时空智能感知体系。现在街头每处监控路杆上面都有二维码,市民扫码即可获知监控编号、定位等信息,报警调看视频时更加便捷。这项名为"视频管家"应用已经用于公安刑侦、为民服务等多领域,先后获得2018年度全国公安优秀移动应用入选项目、2019年度国家新型智慧城市经典案例。

(3)应用科技。

从传统模式大踏步迈入信息化、智能化,离不开公安科技的研发创新。在南京智慧警务大放光彩背后,有一个强大的"智囊团"——南京公安研究院。在该研究院位于中国(南京)软件谷云密城的研发基地,有可反制"黑飞"无人机的移动指挥车、比谷歌眼镜更接地气的警用眼镜、公共场所人员异常行为智能预警系统、不仅能识别违禁物品还能"闻"出气味的多维安检门、可以拖拽图标实现"排兵布阵"的智能调度指挥沙盘、智能民宿网约房管理系统等,行业内每一项最先进的高科技产品都由研发团队独立自主研发。

研究院产品方案中心的5G道路交通巡逻执法系统,通过在智能警车、警用摩托、无人机上搭载5G传输技术,结合语音识别、视频智能分析等技术,可实现全天候对车辆进行监管,填补固定监控设备的空白点,便于后方精准指挥与研判。该应用在当年全国3 000多个项目中脱颖而出,获得"绽放杯"全国5G应用征集大赛大奖,目前已应用于交警部门。智能交通事业部研发出的油电混合无人机,使得高续航里程的无人机不再依靠飞手操纵,可以自动从道路旁的"巢穴"飞出,对着违章车辆车主隔空喊话,守护道路交通安全。

南京市民平安生活的方方面面与智慧城市的研发成果密不可分。美沙酮智能自助服务机设备可实现"看人下药",能帮助戒毒人员治疗自助化、智能化管控,防止包药贩卖情况的发生,这一创新成果获得国家禁毒办认同,并将南京经验做法向全国推广;车身小巧的智能微型消防车具备宣传、巡逻、救援、信息采集四大功能,首批100台车辆投入南京后,已完成5万余家"九小场所"巡查任务,查处各类隐患2万余起,先后完成元旦、春节、秦淮灯会等重要节日的消防安保任务;支持人脸认证的"微信接孩子"系统,在岱山第一幼儿园推广,备受家长好评……

站位时代前沿,面向城市未来,产研双向赋能,南京公安研究院成功开创了公安科技研发的"南京模式"。2016 年 5 月,南京市公安局开国内先河,与公安部第一研究所等共同成立全国首家城市一级公安研究院。研究院完全实行市场化,运营主体为南京金盾公共安全技术研究院有限公司,是集产学研于一体的公共安全技术服务产业平台,也是带动科技成果转化、孵化科技企业的"老母鸡"。研究院目前已与国内一流科研院所及企事业单位成立 13 个研究中心,与国内知名高校合作设立 5 个联合实验室,自有 150 余人人才团队。作为"最了解民警需求"的机构,该研究院全面参与设计研发了警务大数据、微警务以及安检云、语音云等 30 余个重大项目,在智能警务应用、视频物联、信息网络安全、智能应急装备等方面已形成 6 大产品线、50 余项研究成果得到推广并投入使用,同时与软件谷等共同成立全国首个公共安全人工智能产业园,形成了完善的发展生态圈。

正是南京对于智慧公共安全的重视,催生极其丰富的应用场景,带动信息安全等相关产业发展,而产业发展、科技创新又反过来促进智慧公共安全水平不断升级。发展智慧公共安全,南京公安贡献了新时代公共安全发展的"南京方案"。

第 6 章

区块链技术在智慧城市中的应用路径

本章主要介绍了如何将区块链技术应用到智慧城市的各个领域。

首先介绍构建安全、可信的智慧城市数据共享基础设施,分别讲述了有线网络目前的发展情况、应用现状、如何与区块链技术相互结合,以及无线网络目前的发展前景、新的应用优势及其更加细致的分类:5G、Wi-Fi、SDN、边缘计算等都各自具有哪些优势,如何能够更好地与区块链技术相互结合打造安全的数据共享平台。

其次讲述了如何打造一个区块链公共服务平台,以及区块链公共服务平台能够为智慧城市的各个领域提供哪些安全便捷的公共服务。

最后也是最重要的部分,讲述如何具体地将区块链技术与智慧城市的各个领域相互结合,并列举出区块链技术在不同领域中的详细解决方案、使用技术以及国内外目前正在试验、已经实现或仍在概念阶段的多个真实案例。

6.1　构建安全可信的智慧城市数据共享基础设施

6.1.1　有线网络

1）有线网络的优点

无线网络在不断地发展中变得越来越完善,功能越来越强大,有线网络则在无线网络发展趋势之下不断被淘汰,但在某些特定的应用场景中仍需要使用有线网络。就目前的情况而言,有线网络比无线网络具备了如下优点。

(1) 网络组成成本较低。

无线网络的路由器价格比普通路由器价格多出至少一倍,而无线网卡的价格更是比普通网卡高上十倍多,所以在应用场景较小的情况下接入有线网络所需要的硬件设备成本比无线网络的低得多。因此,在需要部署一个较为小型的网络结构例如单个办公室或者家庭网络时,有线网络的性价比更高,更经济实惠。

(2) 稳定性高。

有线网络的稳定性极高,这是无线网络无法比拟的。中国的房屋大多都是钢筋混凝土构成,房屋的格局复杂多变,有线网络在使用了交换机的情况下能够达到远距离传输的效果,不受房屋的格局,例如墙壁、拐角等因素的影响而保持稳定。无线网络则会在这种房屋格局之下变得极其不稳定。

(3) 速度快。

相关资料显示,有线网络一般采用双绞线、光纤等实体网线进行传输,这种媒介的传输速度极快,能够稳超使用频射传播的无线网络。有线网络根据网络类型的不同拥有以下几种传输速率,从低到高分别为:4 Mbps、10 Mbps、16 Mbps、100 Mbps、250 Mbps、1 000 Mbps、10 Gbps。而无线网络的传输速率从低到高分别为:11 Mbps、54 Mbps、72 Mbps、108 Mbps、144 Mbps、150 Mbps、300 Mbps、450 Mbps、867 Mbps、1 Gbps。以上无线网络速率是理论数据,由于环境对无线网络的影响,会使速率严重衰减,所以无线网络的实际速率比理论数据低得多。由此可见,有线网络在速率方面的表现更为优秀,因此在有大量数据需要进行同时传输的应用场景中使用有线网络是更为明智的选择。

(4) 安全性高。

有线网络的数据传输是发生在双绞线、光纤等实体网线中的,是一个相对来说比较封锁的环境,这样就不容易被人监听导致数据泄露,安全性更高。

2）有线网络与区块链

当前很多对传输速度、稳定性以及数据安全要求极高的领域会选择使用有线网络，例如军事领域、教育领域、医疗领域、金融领域、科研院所等。而有线网络与区块链技术相结合，打造联合（行业）区块链或私有区块链能够有效地发挥出有线网络传输快、稳定性高以及安全性高的优点，形成一个高度安全的数据共享平台，如图6-1所示。

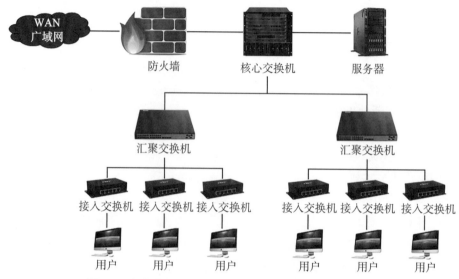

图6-1　有线网络连接的基本方式实现区域内的网络连接

6.1.2　无线网络

1）无线网络简介

无线网络是一种新型的网络技术，可以在不需要连接实体网线的情况下直接连接到网络。无线网络目前有两个主要的发展成果：无线网络让用户可以不需要网线，或者处于很远的距离时也能够连接上数据网络和全球语音；无线网络使用了红外技术和频射技术等，实现了对无线网络连接的优化，使用户在近距离对数据网络进行连接时能够更加快速和稳定。

总体来说，无线网络与有线网络的使用功能基本上相同，最大的不同之处在于传输的媒介不同。无线网络使用了无线电技术，并以这种技术代替了传统的实体网线，使人们可以在随时随地进行连接网络数据，使上网越发便捷。且在某种情况下，两者之间还可以互为备份，有效降低网络数据丢失的风险，如图6-2所示。

2）无线网络独有的功能及技术

（1）动态数据转换技术。

在目前的技术情况下，射频情况不太稳定，随时都在发生着变化。动态数据转换功能能够实时获取当前的频射情况，并根据射频情况动态地去改变数据的传输速率。当射频情

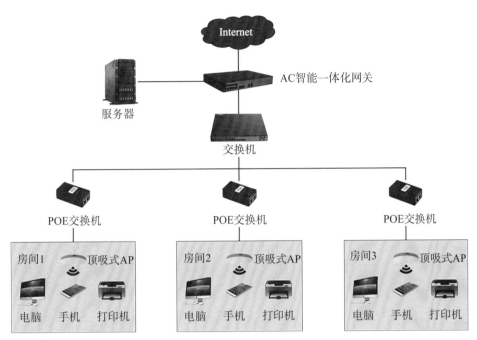

图 6-2 无线网络基本连接方式实现多场景无线连接

况开始变差时,传输速率就会从 11 Mbps 下降低到 5.5 Mbps 或者 2 Mbps 乃至 1 Mbps,降低多少由射频情况决定。

(2) 漫游支持功能。

在 IEEE802.11 无线网络标准中允许用户对网络数据进行漫游。用户可以在相同的无线网桥网段中利用分歧的数据通信道路进行传输,也可以在不同的无线网桥网段中利用相同或不同的数据通信道路进行传输,实现对用户上网数据的漫游。该功能能够使用户在相对复杂的情况下更为顺畅地连接数据网络,例如用户在楼房或公司中边移动边上网,该功能就可以使用户在各个访问点之间进行无缝切换连接,有效防止数据断连,实现数据漫游。

(3) 扩展频谱技术。

扩展频谱技术发展于 20 世纪 40 年代,它一共包含两种方式:跳频技术(FHSS)和直接序列展频技术(DSSS)。采用何种扩展频谱方式能够直接影响到无线局域网络的性能和能力。在对可靠性、安全性、稳定性以及速度要求较高的场景中更加适合使用 DSSS 方式,而在成本较低的场景中则更加适合使用 FHSS 方式。

DSSS 方式采用了全频带传送这种技术。该技术使得网络数据的传输速度更加迅速,且存在着开发出更高传输频率的潜力。基于这一优点,DSSS 方式通常被使用于无线厂房、校园网络、无线医院、企业应用、网络社区等更加注重传输速率、传输稳定性以及传输品质的场景或应用中。

FHSS 方式切换跳频讯号最大的时间间隔为 400 ms,且它的传输范围小,因此更加适用于高速移动端点的应用,例如我们日常使用的移动电话就非常适合采用无线传输技术。

（4）自动速率选择功能。

在 IEEE802.11 无线网络标准之下，用户可以自行将连接模式设置成 ARS 自动速率选择模式。在这个模式下，ARS 功能能够自动判断信号的质量，还能自动获取用户与网桥接入点之间的距离以及用户所处的环境状况，然后根据这些数据计算并设置最适合每个用户的传输速率。

（5）电池消耗管理功能。

IEEE802.11 无线网络标准定义了 MAC 层的信令方法。该功能使用了专业的电源管理软件对设备的耗电情况进行合理的管控，降低电池及电量的损耗，使得移动设备的电池寿命得以延长。在网络连接方面主要的事先方式就是在 AP 无线接入点设立一个缓冲区域。使用电池管理软件自动判断移动设备当前的数据传输状态，如果此时并没有数据正在被传输，就将正浏览的数据信息存入 AP 缓冲区，防止在稍后的休眠状态中丢失数据包。存储完数据后就将数据网络转化为休眠状态或断电状态，并在此期间定期复苏以恢复数据信息。

（6）保密功能。

在使用直接序列扩频编码调制技术来进行网络连接时就必然存在着信息泄露的风险。采用这种技术进行连接，信息就会非常轻易地被窃取，因此就产生了一种特殊的密码编码技术。当无线网络设备在连接无线网络时，需要双方的密码编码方式完全一致才可以互相连接，进行通信。在连接 AP 无线网络接入点前还会进行安全认证，只有通过安全认证才被允许接入。这种技术一开始被应用于美国军方的无线电机密通信之中。

（7）信息包重整技术。

在传输信息包时，若某一个传送帧受到干扰，整个信息包就必须重新传输。当传输的信息比较大，需要的传输时间比较长时，很难保证无线网络能一直保持稳定，一旦无线网络断连或受到干扰，就只能重新传输。这将对网络资源以及用户的时间资源造成巨大的浪费。

为解决这一问题，信息包重整技术出现了。其原理就是将大的信息包重新整合划分为一个个能够很快就完成传输的小信息包。这样即使处于干扰较大的地区也能很快地完成传输，因为即使在传输时受到干扰也只需要重新传输一个小信息包，几乎片刻就能完成。该功能大大提升了传输信息的效率和抗干扰能力。

3）无线网络与区块链

无线网络是目前信息传输的主要方式，而无线网络中存在着的最大的问题就是无线网络安全问题。无线网络目前的应用广泛性决定了无线网络安全问题无法独立来看。无线网络目前面临着许许多多的攻击，不仅仅是无线网络自身所面临的问题，还包括了其他网络甚至所有网络都面临的问题，其中最典型的有：插入式攻击、无线资源窃取、数据信息泄露、漫游攻击者等。由于无线网络通信非常灵活，所以即便在连接时采用了独特的密码编码技术以及 AP 接入口安全认证，还是非常容易就被专业的无线数据 sniffer 类工具入侵并窃取信息。

区块链在数据安全方面有着得天独厚的优势。它本身所具有的开放性、自治性、数据不可篡改性、匿名性、去中心化等特殊的特性能够非常优秀地解决数据信息安全方面的问题。它能够帮助无线网络的功能及技术发挥出更好的效果,使其产生质的飞跃。无线网络与区块链技术在很多细小的方面能够相辅相成,相互结合,相互促进,为数据安全提供更加可靠的保障性。

(1) 5G 特点。

5G 是第五代手机通信技术,具有较高的速率,低延迟和覆盖范围广等优点。5G 的终极目标是实现高数据传输速度,提高系统容量,增加大规模设备的连接数量,尽可能缩小延迟,大幅降低成本,最大程度地减少能源损耗。5G 网络特点如下。

① 5G 网络拥有更快的传输速率,相较于 4G 网络 100 Mbps 的数据信息传输速率,5G 网络能够非常轻松地达到 10 Gbps,因此能够片刻就完成高清视频、虚拟现实等数据量非常大的信息的传输。

② 5G 网络的延时非常低,它连接空中接口所需要的时间基本上都在 1 ms 以内,能够很好地满足自动驾驶以及远程医疗的需求。

③ 5G 网络拥有非常大的网络容量,因为 5G 网络能够连接千亿设备,实现万物共联。

④ 5G 网络的频谱效率比 4G 提升 10 倍以上。

⑤ 5G 网络能够实现网络连接点实时切换,能够在连续广域覆盖以及高速移动的情况下依旧使网络速率保持在 100 Mbps,这在很大程度上提升了用户的体验感。

⑥ 5G 网络能够使流量密度大幅度地提升、连接数量大幅度增加。

⑦ 5G 网络能够实现多方协同组网,使得多个用户共同工作,实现系统系统化,提升团队工作效率。

(2) 5G 与区块链。

基于网络安全的考虑,5G 在用户隐私保护、网间漫游数据安全保障、数据完整性保护、统一认证框架等方面都更加深入地进行了研究,并提出了完美且标准的解决方案,使 5G 具有更加强大的数据信息安全性。尽管如此,5G 的安全技术仍然存在着瓶颈,无法彻底解除隐私信息安全、虚拟知识产权保护、虚拟交易信任缺失等问题。另外,5G 引入了 NFV、网络切片、边缘计算机网络能力开放等新的关键技术,在新技术的进入之下存在着不少的安全隐患。以网络能力开放为例,运营商的网络原本都是相对独立、封闭的系统,在网络能力开放之后,用户的个人信息、网络数据和业务数据等都被公开开放出来,减弱了运营商对数据的绝对管控能力,这令人不禁会担心是否存在数据泄露的风险。并且网络能力开放所连接的接口采用的是互联网的通用协议,这样也可能将互联网中存在的一些安全风险通过通用协议和接口引入到 5G 网络中。

以上对网络安全方面的担忧还仅仅只是从技术角度出发,如果将 5G 应用到更多的场景以及产业生态链中非常有可能会产生更多的安全因素。综合来看,由于其将会存在新的安全风险及多个不确定性,5G 除了增强自身的安全管理框架和技术保障措施外,还需要在应用层面针对性引入具备可信基础的完善措施。

区块链则能够保证数据的安全和可信,在区块链中记录的数据具有不可篡改性。就目前来看5G无法独立解决用户和设备的隐私和安全问题,也无法解决网上交易的安全性问题。区块链技术则能够构建出一个点对点的去中心化网络,且区块链技术能够依靠自身共识及时和加密算法等技术实现资产在链上的点对点交易,并保障了用户的隐私安全,完全不需要依赖第三方信任机构背书。

综上所述,作为底层网络通信技术,5G能够对上层的垂直应用进行深度赋能,但在使用者隐私、信息安全等方面却存在短板;区块链的优点是不需要依赖当前普遍使用的中心机构信任背书的交易模式,而是利用密码学的手段为交易去中心化、保护交易信息隐私、防止历史记录被篡改、提供可追溯等技术的支持,劣势则在于交易速度慢时间久、业务延时高、基础设施要求比较高等。

区块链提供的数据安全性服务可以确保5G技术在高速网络传输下产生的安全保障问题,它们能够完美地相互结合,取长补短,提升业务创新的能力和效率。

当5G遇上区块链,二者就可以相互赋能。区块链的任务延时高、交易速率慢,5G就可以利用自身高速率、低延时的特点,帮助区块链实现快速交易,有效地避免了容易出现卡顿、无法及时响应等现象。5G拥有安全信息隐患,区块链则可以为5G搭建一个安全可靠的网络平台,区块链的加密性、确权等特点,能够增强5G网络的可信基础和安全保障。图6-3所示为5G与区块链相互赋能成长。

图6-3 5G与区块链相互赋能互助成长

由于5G驱动万物互联,催生出了诸多的数据和场景,更利于区块链应用的落地。因为当前区块链应用的瓶颈不在于技术,而在于找场景。5G+区块链的模式非常适合用于对速度和效率以及安全性可靠性要求较高的一些领域,比如解决电信行业中也具有颇多的应用场景。5G+区块链模式可解决多方共同决策互信的问题、电信运营商之间的相互协作问题以及产业链上下游之间的合作协同问题等。5G+区块链在电信行业的具体应用场景如图6-4所示。

4)Wi-Fi与区块链

Wi-Fi是目前使用范围最为广泛的一种无线传输技术。作为主流传输技术,Wi-Fi有一个非常大的漏洞,名为密钥重安装攻击(KRACK)。这种攻击所涉及的范围很大,它的主要实现方式就是多加入Wi-Fi网络获取密钥,通过这种方式逐步摸索、破解出无线网络接

业务管理	电信设备管理	动态频谱管理与共享	
业务服务	数字身份认证	国际漫游结算	数据流通及共享
网络运营	物联网	云网融合	多接入边缘计算

图 6-4　5G＋区块链模式在电信行业中的应用场景

入点与用户设备之间交换的信息。这样就可以连接进入用户的 Wi-Fi 网络,对用户的计算机、手机甚至路由器和 Wi-Fi 设备进行攻击。能够非常轻易地获取到用户的信息,并设置钓鱼热点,使用户在不自知的情况下连接上钓鱼热点,对用户的流量及信息随意篡改和窃取。

　　Wi-Fi 自身拥有两级安全保护机制:密码 PSK 保护;在连接网络时,会参照 PSK 密钥动态地生成数据加密的临时密码来确保数据的安全;MAC 地址过滤,Wi-Fi 管理员可以将允许上网的用户电脑 MAC 地址添加到 MAC 地址过滤表中,然后设置只允许该列表中的MAC 地址的电脑可以上网,就能禁止外部无关设备连接到这个 Wi-Fi 网络之中。

　　在以上两种机制中,密码 PSK 保护机制非常容易被破解,只要在 Wi-Fi 接入时假装握手机制对 PSK 密钥进行请求,对请求到的 PSK 密钥进行复制或是破解,就能分析出生成的动态码。造成 PSK 密钥容易被破解的主要原因就是通信行业的分层设计方式,导致密码PSK 保护机制无法判断访问用户的行为是否是黑客入侵。传统的 Wi-Fi 分享机制无法解决这一问题,因为当 Wi-Fi 分享者将 Wi-Fi 共享给其他用户时没有自主控制的能力,无法保证是否有黑客模仿用户对 Wi-Fi 网络进行攻击。

　　区块链则通过自身所拥有的多个节点以及去中心化特点,增加了一级机制,使用三级保护机制对密钥进行防护,新增加的机制能够确保 Wi-Fi 在分享的过程中不能将其 PSK 密钥进行拷贝并破解。主要的实现方式就是将密钥加密存储在 Wi-Fi 分享者的本地上,而后将 SSID 和 Wi-Fi 签名存储在区块链安全平台中。区块链安全平台在 Wi-Fi 分享者和 Wi-Fi 密钥之间使用共识机制建立了一个 P2P 通道。其他连接了 Wi-Fi 网络的用户若要改变Wi-Fi 网络的配置,则需要经过其他节点的同意才能更改成功,这就有效防止了黑客恶意的更改。

　　区块链技术除了为 Wi-Fi 分享者搭建一个安全的分享平台之外,还会将用户在连接网络时签名过的访问行为进行加密。在加密过后这一行为将会被永久地保存在区块链上。一旦遇到两个完全没有关联的用户频繁访问同一个内容时,就会对他们的行为进行检测并与区块链上的行为进行对比,这样就能判断是否存在黑客行为,哪一用户为黑客。一旦发现黑客行为,区块链安全平台就会将这一情况报告给 Wi-Fi 分享者,并发出警报。通过这种方式能够更加全面地保护所有的网络应用行为,而不仅仅局限于某一个服务器,如图 6-5 所示。

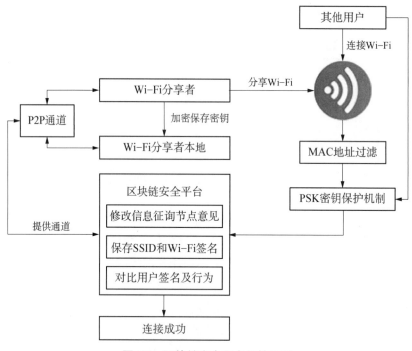

图 6-5　区块链安全平台保护机制

综上所述,Wi-Fi 存在着的安全问题主要取决于为提高交换效率和传输安全而采用的网络分层方式。这种方式致使 Wi-Fi 网络无法识别连接用户的行为,而当 Wi-Fi 与区块链技术结合之后,就能够在保持交换效率的同时对用户行为进行识别,为 Wi-Fi 网络提供了更加安全的网络环境和平台。

5)SDN

软件定义网络(software defined network,SDN)是一种新型网络创新架构,是网络虚拟化的一种实现方式。

SDN 的基本架构为三层:第一层为应用层,主要包含各种业务和应用;第二层为控制层,主要是对数据及资源进行处理和编排,并对网络拓扑和信息状态进行维护;第三层为技术设施层,其功能是对数据的处理、转发和状态等信息进行收集;SDN 三层架构如图 6-6 所示。

(1)SD‐WAN 的分类。

SDN 有一个典型的应用场景 SD‐WAN,该场景可以划分为三类。

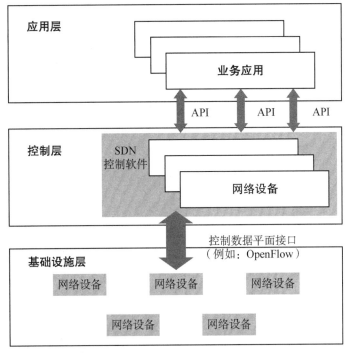

图 6-6　SDN 的三层架构

① 企业分支互联。企业分支互联就是要使该企业下的各个分支机构能够高性能、高效率并安全可靠地进行互联互通,实现高效协同工作。这一场景的具体实现方法就是将多个边缘计算设备分别安装到该企业下的各个分支机构中,并使用运营商的 WAN 网络引流对该企业及该企业下的各个分支机构进行快速连接与传输。

② 企业上云。企业上云就是将公司需要共享及云端备份的数据通过边缘计算设备上传至云端。在 SD‐WAN 这一场景中,企业通过将上传数据所需要的流量使用运营商的 WAN 网络进行引流,进一步加速云端数据的传输。

③ 多云互联。多云互联就是将企业通过边缘计算设备接入由多种不同的云组成的一个多云专网之中。在传输数据时,能够根据数据自动对云进行调度,实现专云专用。在 SD‐WAN 场景中,SD‐WAN 的运营服务商能够为各个企业提供由公有云、私有云和混合云等多种不同的云组成一张完美的云专网。企业通过服务运营商所提供的网络控制器就能够实现对传输数据的自动判断,实时地对各个云进行调度,接收传输数据。还可以使用自由灵活的无线网隧道接入广域专网,在提升业务的开通效率的同时降低业务的开通成本,实现降本增效。SD‐WAN 的主要应用如图 6-7 所示。

(2) SD‐WAN 与区块链。

SD‐WAN 的三类场景表明了云端与网络之间不再各自封闭、内部自治,而是相互开放、互联互通。

在 SD‐WAN 的发展过程中存在着一个巨大的拦路虎,那就是 SD‐WAN 的网络控制

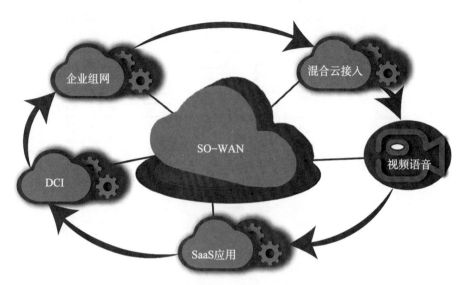

图 6-7　SD‑WAN 的主要应用

器全都由 SD‑WAN 的运营服务商单方面提供。大多数运营服务商为了自身的利益，会将企业用户的流量全都调度到运营服务商本身的广域专网之中来服务自身，且一般企业只能绑定单一的运营服务商，这在很大的程度上限制了 SD‑WAN 的发展。

为了解决这一问题，出现了一种新的服务模式，即以第三方服务为中介，由多方 SD‑WAN 的运营商提供网络控制器，合理分配，这种模式能够智能调度最合适、效率最高、成本最低的网络控制器。

但是，这种新的服务模式又存在着新的挑战，即由第三方服务为中介多方运营商提供服务就非常容易发生数据篡改、单点故障、隐私泄露等数据信息安全问题。且当一个用户在一个周期中使用了不同的运营商所提供的网络控制器时，对于各个网络控制器所使用的网络流量就需要一个详细明确且安全的账单来进行结算，由运营服务商所提供的账单并不能让企业用户放心使用。

当 SD‑WAN 与区块链相互结合时，账单的问题就能够很好地解决。区块链能够追溯整个运营服务流程，且能够有效防止账单数据被篡改，这使企业用户与 SD‑WAN 运营服务商之间能够建立起一个互信互利的良好交易模式。

（3）新的互信交易模式。

将 SD‑WAN 与区块链技术相互结合搭建起一个区块链安全交易平台，这个平台能够将企业与 SD‑WAN 服务商之间的调度策略转化为智能合约。这个区块链交易平台还能够监听企业的需求以及运营商提供的服务，为双方进行合理匹配。

① 点对点交易。在区块链提供的安全交易模式下，企业用户与 SD‑WAN 运营服务商之间能够更加放心地进行交易。区块链安全交易平台能够根据交易的规则自动地为企业与运营商生成智能合约，并且能够通过权限管理机制来限制企业与运营商，对双方是否履行合约进行监管。

区块链安全交易平台还对双方的交易情况以及市场情况进行实时监控。当目前的运营服务商无法满足企业要求时,自动为企业更换更加合适的运营服务商。

② 资金托管。区块链安全交易平台还能将资金托管协议转化为智能合约。在企业对运营服务商进行资金结算时,自动触发资金托管智能合约,先将企业所支付的资金冻结于区块链安全平台内,并根据交易规则对所需支付的资金进行核实,当资金符合要求时,再划入运营服务商的账号中。

③ 奖惩机制。在区块链安全交易平台中还为 SD‐WAN 运营服务商及企业用户建立了信誉评估模型。信誉评估标准自动转化为智能合约,当运营服务商与企业进行交易或进行其他有关信誉的操作时自动触发信誉评估智能合约。当运营商多次为企业用户提供符合条件的优质网络服务时,就会增加相对应的信誉值,而当运营商多次提供不符合条件的网络服务时,信誉值将会减少。这能够帮助企业筛选出更加优质可信任的运营服务商。

区块链安全交易平台还能够将 SD‐WAN 运营服务商与企业用户之间的整个交易过程记录下来,且具有防止篡改的功能。信誉数据一旦上链将无法修改,更加确保运营服务商,以及资金账单等各类交易信息的可靠性。

虽然将 SD‐WAN 与区块链技术结合能够确保交易的安全性。但是区块链技术目前所具有的传输速度慢、效率低等问题致使它容易造成网络拥堵;区块链技术目前还无法用于需要多次提交数据的行业,例如银行转账、证券交易等。相信随着区块链技术的不断发展,这些问题都能够在未来得到一个完美的解决方案。

④ 边缘计算。移动边缘计算是一种较为新颖的分布式计算,与集中式的云计算非常不同,它使得计算能力下沉,能够对局部的一些数据进行计算,以此来完成对物联设备的智能控制,这样就能够使设备在不连接云平台的时候也能完成大多数的智能化操作。边缘计算在很大程度上降低了端到端类型的移动交付的延时,很大程度上提升了效率,如图 6-8 所示。

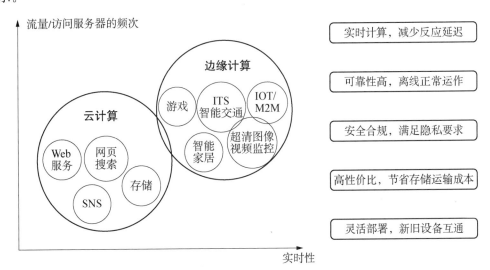

图 6-8 边缘计算的优点

从上面的描述可知,移动边缘计算为在资源方面受到极大限制的移动设备提供了一种更加便捷、延时更低的分布式计算卸载平台。移动边缘计算设备与普通的移动设备相比具备了更加强大的计算能力和储存能力。区块链对强大的计算能力具有极大的需求,需要以此作为服务的底层支撑。可以说移动边缘计算为将区块链服务使用于移动用户提供了无限的可能。

从另一个角度来看,区块链可以作为移动边缘计算的辅助框架,为移动边缘计算管理其资源。区块链能够永久地记录移动边缘计算的占用情况、支付与报酬等一系列数据,从而有效地加强移动边缘计算的资源安全性、占用与购买移动边缘计算资源的规范性以及移动边缘计算数据的可靠性。

6.2 构建城市级的多层次区块链公共服务平台

在智慧城市中,信息和数据的相互流通、物流的流通、人员的迁移、智慧应用的运行等各种行为都必须依赖于一个完全公开且安全可信的交易体系。想要构建一个数字孪生城市,必须先构建一个多层次的区块链公共平台作为数字孪生城市的基础地基,才能够为政府应用、企业应用以及民生应用提供更好的服务。

6.2.1 区块链公共服务平台

(1)全域的城市级区块链公共服务平台。

区块链公共服务平台本身作为一种公共属性的区块平台,它最基本的核心能力是市民、企业身份认证及公共信息,比如个人信用、企业资质及信用这类公共安全信息,这样才能为城市提供更加可信的服务。

(2)垂直领域的行业及区块链服务平台。

区块链作为一个高度垂直行业的技术,其区块链服务平台应该要高度垂直于各个行业领域。区块链公共服务平台将为教育、医疗、金融、交通(自动驾驶)、物流、安全等行业提供认证、安全、交易、合规性控制等服务。

(3)城市部件区块链服务平台。

区块链公共服务平台将会成为各个智慧城市的刚需,为城市提供关键性资产证明、核心设备认证、重要设施构建、数据交换安全保证等一系列基于区块链技术的服务。

(4)政府区块链服务平台。

智慧城市的发展与政府息息相关。区块链技术可以为政府提供各式各样的区块链能力服务。以政府服务的创新为突破点来推动区块链应用的发展,将区块链技术应用于政府服务能够优化政府服务的整个流程,能够为政府服务构建起一个责权清晰、安全可信的公共服务应用平台。区块链技术还能打破政府部门之间的数据,有效破除数据孤岛,使得部门之间的业务互通、信息互通。

①　在高频政务审批场景强化区块链的应用，包括工商注册、教育入学、电子证件照、电子化材料、电子印章、电子版档案等。

②　在市场监管场景积极引入区块链技术，包括食品监管、药品监管、房屋租赁监管、安全生产监管、消防安全监管、建筑质量监管、税收监管、精准扶贫以及政府公开招投标项目监管等场景。

③　在城市智能运行场景引入区块链打造绿色可持续的城市经济，包括建筑节能、绿色交通、循环经济、节能减排等领域，通过智能合约的引入，建立可信任的交易及监管机制。

6.2.2　区块链公共服务平台在新型城市建设中的应用

在城市不断地高速发展之中，构建智慧城市已经成为重中之重。随着城市规模不断壮大，越来越多的人都想要进入城市发展，使得城市的结构、社会的结构越来越复杂，导致政府对城市的管理难度逐步上升。在经济的发展之下，城市居民对生活质量的要求也越来越高，使得当前的城市无法满足居民的生活需求。所以需要构建一个万物互联、智能决策的新型智慧城市，这也为区块链技术提供了更加广阔的舞台。

传统的智慧城市建设主要在于信息技术的发展，力求构建一个数字城市。新型的智慧城市则更加注重全面发展，主要表现在：打破数据孤岛，使数据更加流通；提高公共信息高度透明，使民众信服度提升；提升城市治理智能化；提供更安全可靠的信息安全体系；提供更加智能化的智慧服务等。

使用区块链技术能够为解决智慧城市的数据信息安全及透明公开度不高等问题提供一个值得信赖且性价比较高的解决方案。区块链技术能够为智慧城市提供点对点连接网络、网络信息数据加密、共识机制、智能合约等基于区块链公共服务平台的服务。不采用第三方背书，独立建造更加值得信赖、安全可靠的信任机制。

综上所述，区块链技术能够为新型智慧城市提供的应用场景主要可以分为四种：

①　区块链技术能够保证数据信息的安全及隐私。比如能够对病人的个人健康及医疗数据等非常隐私的数据进行全方位的保护；对租房租客的个人信息安全进行保护；对政府及企业的重要数据进行加密存储及防篡改措施。

②　区块链技术能够提供数据追溯。区块链技术使用链式数据存储结构的特点对物品物流信息、电子发票信息、房地产交易数据等进行追溯和查询。

③　区块链技术能够对数据进行存证与认证。区块链技术使用防篡改的特性对个人身份信息、电子证件照等进行存证和认证，并保证信息的可靠性、安全性。

④　区块链技术能够使交易更加可靠且成本更低。区块链技术提供智能合约来约束交易双方，并使个人、企业及政府的相关数据在安全可靠的情况下进行共享，以此来建立一个能够互信互利、安全可靠、成本合理的交易。

在建设新型智慧城市的过程中使用区块链技术仍然存在着许多问题及不足。在很多应用场景中，虽然区块链技术能够解决这些应用场景中存在的问题，但却不是解决问题的最佳选项。仅仅凭借区块链技术无法完全解决数据在线上与线下之间相互传输的安全保障问题,也无法完美地解决存储在物理与虚拟交互信息系统中的数据能够被篡改的问题。

随着区块链技术的逐步发展及成熟,该技术能够在生产数据、采集数据、处理数据、传输数据、发掘数据、利用数据、分配收益等环节中起到数据安全保障的作用。这样可以有效推进城市数据的共同集采、共同分享以及可信流转,还可以更好地保护数据的安全及其收益权。区块链技术的不断普及和应用能够大力地推动新型智慧城市建设向深层次更深、高水平更高发展。

6.3 智慧城市区块链核心产品及技术解决方案

随着城市不断地智能化,智慧城市建设所需要承载的信息及数据量也越来越庞大,传统的存储方式难以支撑当前智慧城市的数据生成速度及数据量,需要重新搭建底层架构来升级存储方式。除了存储方式外,信息存储的安全性也是新型智慧城市建设中最为重要的一个环节。将区块链的去中心化特性和大数据的需求相结合,能够以一种简洁的方式来保障城市信息传输的安全性,且保证城市建设及运行的稳定性。通过大数据及区块链技术的结合还能够打破数据孤岛,并提升智慧城市基础建设的规模,增加智慧城市数据的存储量及精准度。新型智慧城市建设的必备要素如图 6-9 所示。

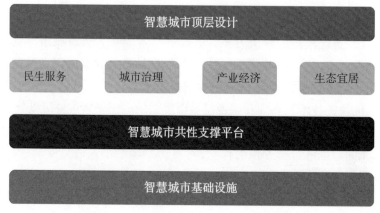

图 6-9 新型智慧城市建设的必备要素

在智慧城市顶层设计中将主要的智慧应用领域分为:民生服务、城市治理、产业经济、生态宜居四大类。根据这四大类应用领用,区块链技术能够为新型智慧城市建设提供的技术与功能也分为四类:数据安全与隐私保护、数据追溯、数据存证与认证、数据低成本可靠交易(聚焦在智慧城市共享支撑平台的数据流通、管理领域内)。

将区块链与智慧城市建造相结合具有:区块链 + 政务、区块链 + 金融、区块链 + 溯源、区块链 + 公益、区块链 + 司法、区块链 + 能源、区块链 + 健康、区块链 + 医疗、区块链 + 物流、区块链 + 制造业、区块链 + 互联网、区块链 + 交通、区块链 + 农业等等一系列的应用场景。

6.3.1　在民生服务领域区块链能够为新型智慧城市提供的应用场景

1）智慧医疗

区块链技术能够在记录临床试验、监管医院的合规性、记录医疗健康监控、记录医疗设备数据、管理健康数据、管理医疗资产、管理医疗合同、治理药物、计费和理赔、提升不良事件安全性等方面充分发挥其特性，具体如下：

① 能够将数据进行实时存储和共享；

② 能够清晰地记录医疗资产流经的整个供应链记录；

③ 能够有效消除医疗信息摩擦并保证医疗信息的完整性；

④ 能够有效监管医疗行为；

⑤ 能够实施健康管理；

⑥ 能够使数据构建成一个区块链生态并形成良性循环；

⑦ 能够有效计算医疗理赔费用减少医疗资源浪费；

⑧ 能够对医疗事故及药品进行追溯、回溯及监管。

区块链技术在智慧城市医疗领域的五大重要应用如下：

（1）电子健康病历。使用区块链技术能够对病人的个人医疗记录进行实时保存，且无法篡改和删除，能够很大程度上保证医疗记录的安全性、可靠性及完整性。当病人在不同的意愿就医时，可以让医生能够获取到病人详尽的病史记录，更好地为病人诊断病情。

（2）DNA 钱包。使用区块链技术能够存储人们的基因和医疗数据，并保障这些数据的安全性和可靠性。每个人的基因及医疗数据都是分别存储起来的，且每人都会分配一个私人密钥，形成一个 DNA 钱包。一些医疗健康服务商能够根据这些 DNA 钱包的是数据共享获取到病人的各类数据及需求，然后帮助制药企业按需研发药物。

（3）比特币支付。区块链技术最早是使用于比特币领域，随着区块链技术与比特币市场的发展，能够使病人拥有更多的支付选择。

（4）药品防伪。使用区块链技术为药品制作区块链验证标签，能够对药品进行溯源追踪，有效防伪。

（5）蛋白质折叠。蛋白质折叠的整个过程非常迅速且难以捕捉，而利用区块链技术能够调动巨大的分布式网络来进行高速运算，有效捕捉蛋白质的折叠过程并对其进行计算。

将区块链技术使用于医疗，对于患者来说，能够使医生更好地了解患者的过往病史及情况，从而做出更好的诊断；能够使患者避免不必要的医学成像检查，大量节省医疗费用支出；能够让患者对自己的数据做主，防止患者医疗信息泄露。对于医院来说，能够使医疗数据更好地分类保存，有效提升业务能力，减少医疗纠纷，改善医患关系；能够降低数据采集成本，帮助医院对情况进行分析、判断以及决策。

MediLedger 区块链平台建立于 2017 年 9 月。该项目的成立主要用于对制药商、批发商和医院等药品供应链的节点进行药品各项数据记录，MediLedger 区块链平台能够记录药品的各项信息，便于追溯药品的产地以及运输流程，确保药品的真实性、可靠性及安全性。

阿里健康在 2017 年 8 月与常州市某医院相互合作,构建出一个阿里健康医联体。阿里巴巴集团在打造医疗行业的底层构架时大量采用了区块链的技术,构建出了一个区块链医疗信息共享平台,它打破了传统医疗数据的柜式存储与纸质记录方式,采用智能系统对医疗数据进行存储及分析,以此保证了医疗数据的不可篡改、确保了医疗数据的真实可靠性、提升了对医疗数据分析的效率、提高了患者的健康信息的透明可信度、解决了医疗机构间数据共享的安全问题。

PokitDok 是一家专门提供医疗 API 服务的公司,与英特尔合作,推出了一个"DokChain 医疗区块链项目",主要是为医疗行业提供医疗区块链技术解决方案。"DokChain 医疗区块链项目"的主要功能是:为医患提供身份管理服务;对医生与患者双方的身份信息进行验证以及记录;严格按照医疗行业规则建立智能合约约束医患双方以及医疗机构;合理规划,提升医疗赔付率;记录医疗设备及医药等的供应链流程,便于患者对其进行追溯;在医生为患者开具处方药时将该处方药记录在该区块链上,并且公开透明地展示该处方药的价格及具体信息,防止患者上当受骗。该项目使用区块链技术对医疗的整个过程进行监控,并应用于医疗保健系统中。它采用了英特尔提供的一个开源性区块链程序作为底层的基础账本,还借用了英特尔提供的芯片,对这个区块链程序的交易请求进行上传和处理。目前已经有 40 多家医疗机构及医药集团参与到了这个项目之中。

Patientory 发布的区块链医疗应用平台是阐述区块链医疗如何为个人和医护人员工作的典型性范例,Patientory 区块链医疗平台为患者和护理人员提供了一个安全的数据存储点,以便他们能够查看医疗保健计划,保持医护人员和患者之间通畅的交流。

2)智慧教育

将区块链技术应用于智慧教育可以很好地解决教育变革中开放与安全、自治与信任的冲突,并搭建出一个"人人皆学、时时能学、出处科学"的智慧教育平台。将区块链技术应用于智慧教育能够为教育带来八大变革,如图 6-10 所示。

图 6-10　区块链技术为教育带来的八大变革

区块链技术在教育领域主要应用于以下四大应用场景：

① 构建教育信用体系如图 6-11 所示。

真实可溯
教育信用信息的收集

安全共享
教育信用信息的互联

透明公正
教育信用信息的管理

精细自治
教育信用体系的监管

图 6-11　教育信息体系的构建

② 建设教师队伍如图 6-12 所示。

图 6-12　教师队伍的构建

③ 搭建终身教育学分银行如图 6-13 所示。

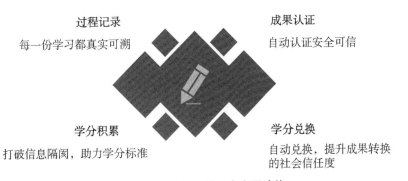

图 6-13　学分银行的四个主要功能

④ 建设现代职业教育体系如图 6-14 所示。

记录认证
学习过程溯源与职业
资格认定真实有效

监督防范
人才培养质量监督与
民办学校风险防范

共同繁荣
多中心理念下的职教
资源平台共建共享

参与合作
知识技能课程体系建构
的多方主体参与

精准匹配
职教人才供需实现
校企间精准有效对接

政策建议
区块链与现代职教
体系改革发展相融合

图 6-14　现代职业教育体系的构建

Blockcerts 学习证书区块链是一个由 Learning Machine 和 Media Lab 相互合作所创建的一个区块链学历证明文件开放平台。该开放平台的主要功能就创建及记录学历证明文件、学术成绩单、资格证书等，并对这些文件进行查询和审核。该平台使用了区块链的防篡改功能，有效防止了这些文件被篡改的可能，确保了文件的真实性及可信度。

APPII 是全球首个简历验证区块链平台。该平台能够验证资格证书，并允许用户建立个人档案及学术简历。这些个人档案及学术简历包括教育历史及学习成绩报告。使用了区块链技术来验证用户的背景，APPII 平台可检验用户个人档案及学术简历的真实性，并用于管理学生的不可修改的学术记录，如图 6-15 所示。

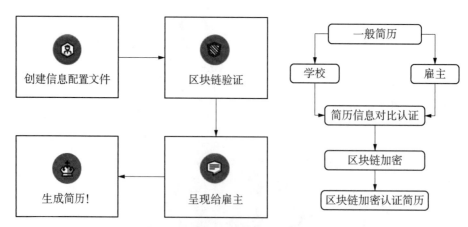

图 6-15　APPII 实现建立验证的流程

Gilgamesh 知识分享区块链平台的性质类似于社交媒体网络。学生、教师、上班族都能够在这个平台进行作品的分享及讨论，且该平台有奖励机制，当用户进行内容分享、讨论或者创作时将会给予用户 GIL 代币，这些代币可以用来购买 Gilgamesh 平台上的电子图书。图 6-16 所示为 Gilgamesh 平台的功能及相互关联。

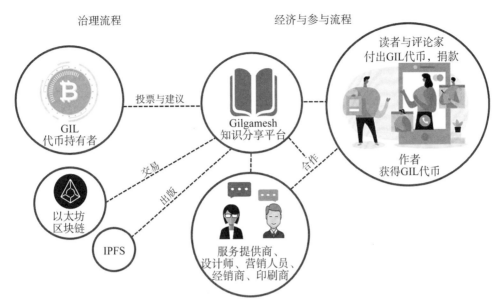

图 6-16 Gilgamesh 知识分享平台的功能及相互关联

ODEM 是由瑞士创造的泉沟说个按需教育的市场平台。该平台是一个去中心化的教育产品及服务集市,它可利用智能合约,为教授与学生搭建一个桥梁,使学生能够选择匹配度最高的课程。图 6-17 所示为 ODEM 平台的功能及相互关联。

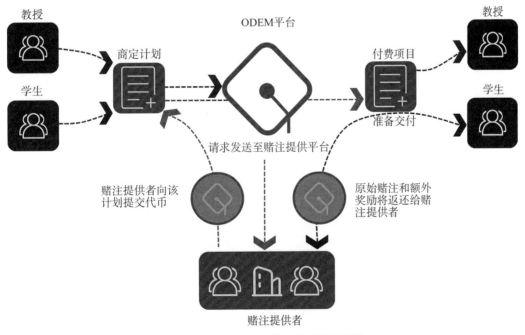

图 6-17 ODEM 平台的功能及相互关联

6.3.2　在城市治理领域区块链能够为新型智慧城市提供的应用场景

1）智慧政务

政务智能化最主要的方式就是将政务数字化，并采用区块链技术使得政务数据在确保安全的情况下互联共通，打破数据孤岛。通过区块链技术可使政务数据可追溯、权责界定更明晰、政务数据能够被全周期合理管控、政务信息化加速、决策效率更高更智能。

区块链在智慧政务中具有七大细分应用：

（1）数字身份认证：能够对个人信息进行认证，确保个人信息不被篡改，具有准确性、完整性和可靠性。

北京市"区块链+电子证件照"已经在东城区、西城区、顺义区等地区进行试点应用，能够对身份证、暂住证、驾驶证、结婚证、离婚证、营业执照等基本的电子证件进行验证，大大提升了办事效率。

（2）电子票据：使用电子票据能够对整个税务体系进行优化，为税务建立档案，随时可查，使税务申请变得更加简单便捷。

深圳市打造了一个医保区块链电子票据服务平台，该平台打通了医疗保障部门、财政部门、医疗机构之间的数据，破除了数据孤岛，使得信息能共享流通，有利于税务的管理。

（3）电子存证：使用区块链的不可篡改且可追溯性能够完美解决传统存证所面临的安全问题，且区块链本身的分布式存储方式，能够提高存储效率，实现安全存储，高效提取。该功能一般会使用于司法领域的仲裁、破产审理、版权保护、公正等需要严格保存证据，读取证据的领域。

北京互联网法院具有"天平链"平台，该平台使用区块链的技术及特性实现对电子证据的可信存储、对电子证据的高校验证，大大降低了当事人维权所需要付出的成本，也提升了取证的效率。

（4）行政审批：使用区块链技术对各类行政材料进行审批并上链，使得行政数据可查可核验，加速了行政材料检验的效率并保证了行政数据的精准性。

青岛创办了"智能办"平台，该平台是国内领先的综合性行政平台。该平台具有自主定制智能审批事项、审批数据动态管理、相关资讯自动发布、情景导服、智能表单填报查询、智能成效分析等功能。该平台为青岛市向审批服务数字化、智能化发展提供了强有力的技术支撑。

（5）不动产登记：使用区块链技术将电子合同、不动产登记审批、房屋交易及登记、购房资格等数据永久地存储在区块链平台中，便于日后的查询及审核。

娄底市打造的不动产区块链信息共享平台已经上线多年，该平台能够将政务服务、房产、水手、国土局、不动产登记中心这五个地方的数据进行登记、检验及记录，并打破他们之间的孤岛，实现数据共通，从而缩减办理登记业务的时间，提升效率。

（6）工商注册：使用区块链技术对政务数据在共享过程中的数据进行确权、对数据安全进行加密、对计算机安全技术进行多方面维护、对跨地区跨部门或者跨层级的合作进行维护,实时有效地优化政务服务。

在广州的多个开发区域已经上线了相关的平台,能够实现"区块链 + 人工智能技术"助力各个企业"一键创办公司",还能够通过"区块链 + AI 技术"实现在线办理营业执照,有效缩短与创办企业相关的文件的填报量以及审批时间。

(7) 涉公监管:使用区块链技术能够实现对涉公相关数据的存储、更新以及监管。区块链技术可以将从前的单点复式记账方式变化为现在的多点分布式记账模式,建立起一个强大可靠的数据库,可以实现对社工领域的各个不同方面进行智能化管理,能够助力政府更加高效、全面且立体化地对各行各业的涉公数据信息进行监管。

广州中国科学院软件应用技术研究所将区块链技术与大数据相互结合,融入食品及药品溯源系统中,实现对药品及食品相关的涉公信息进行监管。该溯源系统在区块链应用示范场景中属于优秀示范。

2) 智慧交通

目前在大城市中普遍存在着交通拥堵的问题,传统使用交通管理人员进行交通的指挥和疏导,但这种方式效率低下、人力成本高昂且受到恶劣天气及各种环境、流量的影响。区块链的出现能够很好地加强交通的综合管理能力,有效改善交通拥堵。车联网的信息安全问题也非常值得重视,使用区块链技术能够很好地保障车联网的信息安全。

(1) 建立人、车、路统一的综合管理系统。使用区块链技术将传统的集中式信息处理方式转化为分散型的管理方式对交通信息进行直接地点对点的连接并管理;使用区块链技术中的共识机制对车联网中的数据信息进行更加安全地存储、查证和管理;使用区块链技术可以实现人车路的终极统一,并确保车联网数据的安全性。

(2) 建立罚款及交通费用自动支付机制。使用区块链技术打通用户与车管所、收费站等交通相关部门的数据孤岛,在确保安全的情况之下,实现数据共同,使得交通罚款等可以实时支付,高速收费等能够自动根据收费标准、行车时间及路况的不同自动进行收费,无须停车缴费,有效地解决了交通拥堵问题;也能够在未来使用一些电子代币对这些费用进行自动支付。

(3) 使用区块链技术对车辆位置进行实时的记录,使得车辆过往行程与行为可追溯,有效防止了车辆被盗、逃逸等情况。将车辆位置信息与道路状况与地图系统数据共同,使得交通相关 APP 能够实时规划合适的线路,避开堵塞道路及短时内可能堵塞的道路,有效地改善了交通拥堵。

(4) 使用区块链技术打通各个停车平台的数据孤岛,形成一个停车管理平台,能够帮助用户精准地找到车位并实现便捷的智能化自动收费,并对停车费进行管理和记录,实现停车历史信息可查询可追溯。

3) 公共安全

公共安全方面的各系统大多都是独立运行,导致信息不共通,使得对该类信息的获取变得非常麻烦,造成资源浪费和数据冲突。公共安全领域对相关数据的要求非常高,在人口信息系统、身份证信息系统、违法犯罪人员信息系统、在逃人员信息系统、禁毒信息系统这些公安严肃系统中对信息的安全及信息的精准度要求极高,不允许出现错误。利用区块链技术能够为以上这些问题提出完美的解决方案。

使用区块链技术的主中心化特性打破公共安全领域的数据孤岛,将各类数据资源集中到一个区块链网络平台中,并对这些数据进行加密及安全管控,使得公共安全数据在确保安全的情况之下互联共通,便于相关机构获取相关信息,并减少对资源的浪费。

使用区块链技术解决公共安全领域的信任风险,区块链技术能够对公共信息数据中的每一个节点进行检验查证,能够最大限度上确保这些信息数据的安全性及真实性。这种形式能够用于大多数的公安基础信息管理中心,例如对市民的犯罪记录、刑侦记录进行管理,对重点人员进行记录,对出入境和交通信息进行管理等。

6.3.3 在产业经济领域区块链能够为新型智慧城市提供的应用场景

物联网在发展的过程中存在着以下五个痛点:设备安全、个人隐私、架构僵化、通信兼容以及多主体协调。使用区块链技术能够解决其中的多个痛点问题,不过这些想法在目前还只是在概念验证阶段。

1)区块链在智慧物联网中的应用场景

(1)传感数据的存证和溯源。在传统的供应链传输过程中需要经过多个主体,在多个主体之间的数据信息大多数都是单独存储在各自的信息系统中的,这样导致了主体间的数据不流通,使得主体对消息的获取比较麻烦及滞后,且存在着数据造假的可能。利用区块链技术,在主体的中部署各个区块链节点,能够实时地对各个传感器的数据进行获取并写入区块链中,依靠区块链的可追溯性及不可篡改性可确保数据安全。

(2)新型共享经济(图6-18)。使用区块链技术打造一个全新的共享经济平台,使用区块链的分布型网关技术构建出共享经济平台的网络,使用区块链技术形成智能合约,根据相关规则对租赁平台及用户双方进行限制和约束,使用区块链技术对共享物品进行跟踪,并对这些数据进行记录且数据公开透明,便于租赁平台或用户对其进行信息溯源,充分了解共享物品的所有历史信息,便于用户能够实时匹配到合适的共享物品。

区块链网关是区块链的节点,在区块链上运行智能合约,由智能合约操控锁的控制权限转移,资产拥有者与使用者交易双方通过智能合约的前端应用——Dapp来完成交易,拥有者获得租金与押金,使用者获得控制权和资产的使用权。

(3)基于智能电表的能源交易。传统的输电方式具有很大损耗率,且无法把盈余的能量进行存储,无法将多余能量进行共享。采用区块链技术的点对点交易方式、分布式布局及智能合约优化能源交易的整个流程。

(4)电动汽车的即时充电。电动汽车充电行业的支付协议复杂,不同的电动汽车公司支付的方式都不相同。市面上的充电桩数量也比较稀少,且对电动汽车充电的计费不太精准。使用区块链技术为电动汽车充电实现点对点的交易模式,为电动汽车充电模式设立智能合约,以标准化的形式限制公司与用户双方,对充电桩数量及位置进行合理规划。

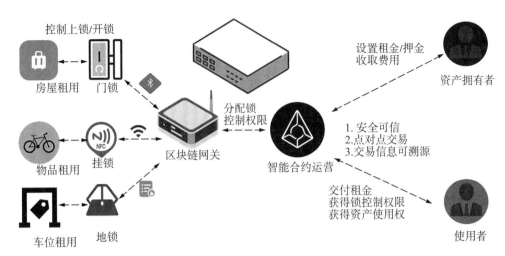

图 6-18 新型"共享"经济

图 6-19 所示为 Slock.it 区块链电动汽车点对点充电项目。用户先在智能手机上安装 Share&Charge APP，在 APP 上注册自己的电动汽车，并对数字钱包进行充值。需要充电时，从 APP 中找到附近可用的充电站，按照智能合约中的价格付款给充电站。APP 将与充电站中的接口通信，后者执行电动车充电的指令。该项目通过在每个充电桩中安装相关的设备，并通过区块链技术实现分布式网状结构，将公司与用户间进行数据共同，使得用户可以按照区块链制定的智能合约实现合理付费，并对这些信息进行记录，便于后期追溯查询。

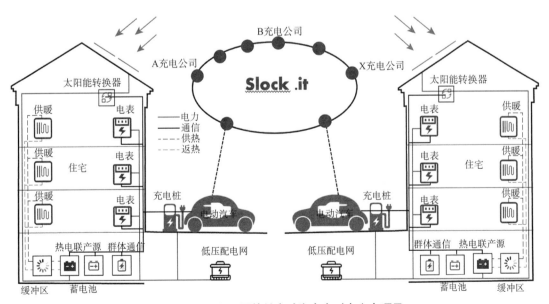

图 6-19 Slock.it 区块链电动汽车点对点充电项目

6.3.4　在生态宜居领域区块链能够为新型智慧城市提供的应用场景

传统的能源项目大多都需要巨大的投资，这导致了能源体系一般都具有垄断性，也使得能源项目开发者对能源的整个流程具有绝对的掌控权。随着化石能源的逐渐枯竭，可再生能源在能源产业中逐渐成为主力。使用区块链数的分布式方式构建新型的智慧能源系统能够为能源进行合理的调配及计量。

（1）使用区块链技术实现对能源的数字化精准管理。区块链技术构建一个新的电力网络便于对能源的数字化管理，对每一度电都进行细致的记录，便于后期计算能源费用时进行追溯查询。

（2）使用区块链技术为能源交易提供一个可靠且公开的方式，并对能源交易进行记录和验证。区块链技术为能源交易提供智能合约，对能源公司及用户进行双向的限制和管控，并对每一笔能源交易进行检查验证并进行记录，便于用户及能源公司在对交易质疑时进行追溯查证。

受制度缺失、技术局限等因素制约，生态环境监管工作仍存在诸多难点。一是随着查办环境污染犯罪案件的增多，地方执法司法机关存在的调查取证难、司法鉴定难等突出问题；二是互联网时代使得环境违法案件具有数据量大且分散、证据电子化且易灭失、类型化多、协同效率低、执法成本高等新特点，海量数据信息无法充分利用。但随着区块链、大数据等现代科技的不断发展，生态环境保护信息化的工作不断推进、成效显著。

References

参 考 文 献

［1］ 龙瀛,张雨洋,张恩嘉,等.中国智慧城市发展现状及未来发展趋势研究[J].当代建筑,2020(12):18 -
22.

［2］ 张毅,肖聪利,宁晓静.区块链技术对政府治理创新的影响[J].电子政务,2016(12):11 - 17.

［3］ 费晓蕾."区块链 + 政务"的场景与前景[J].华东科技,2020(2):42 - 45.

［4］ 王毛路,陆静怡.区块链技术及其在政府治理中的应用研究[J].电子政务,2018(2):2 - 14.

［5］ 肖炯恩,吴应良.基于区块链的政务系统协同创新应用研究[J].管理现代化,2018,38(5):60 - 65.

［6］ 钟芸.区块链赋能城市智能交通的应用探索[J].交通与港航,2020,7(3):56 - 59.

［7］ 刘民,蒋学辉.区块链技术在智能交通中的应用[J].电子技术与软件工程,2020(18):170 - 171.

［8］ 张富宝,李国,王滔滔.基于区块链技术的电动汽车充电链[J].计算机技术与发展,2020,30(4):161 -
166.

［9］ 黄波,莫祯贞.顶层设计——智慧城市的必然选择[J].中国信息界,2013(6):87 - 89.

［10］ 李光亚,张鹏翥,孙景乐,等.智慧城市大数据[M].上海:上海科学技术出版社,2015.

［11］ 夏昊翔,王众托.从系统视角对智慧城市的若干思考[J].中国软科学,2017(7):66 - 80.

［12］ 杨磊,刘棠丽,张大鹏,等.智慧城市 ICT 参考框架与评价指标研究[J].信息技术与标准化,2016(8):
63 - 67.

［13］ 陈洪生.关于物联网技术在智慧城市中的应用研究[J].计算机产品与流通,2020(2):125.

［14］ 唐斯斯,张延强,单志广,等.我国新型智慧城市发展现状、形势与政策建议[J].电子政务,2020(4):
70 - 80.

［15］ 中华人民共和国住房和城乡建设部办公厅,科学技术部办公厅.关于公布国家智慧城市 2014 年度试
点名单的通知[Z].北京,2015.

［16］ 丁安东尼·汤森.智慧城市:大数据、互联网时代的城市未来[M].赛迪研究院专家组,译.北京:中信
出版社,2015.

［17］ 于文轩,许成委.中国智慧城市建设的技术理性与政治理性——基于 147 个城市的实证分析[J].公共
管理学报,2016,1(4):127 - 138,159 - 160.

［18］ 李凤祥,陈秀真,马进.车联网中基于区块链的信用体系研究[J].通信技术,2019,52(12):3058 - 3063.

［19］ 林立南,李童,蔡跃华.智慧城市公共安全管理平台与标准体系的构建[J].标准科学,2020(8):70 - 73.

［20］ 王博,张一锋.以区块链为基础打造智慧城市大数据基础平台[J].智慧城市评论,2017(1):29 - 35.

［21］ 蒋余浩,贾开.区块链技术路径下基于大数据的公共决策责任机制变革研究[J].电子政务,2018(2):
26 - 35.

［22］ 曾子明,万品玉.基于主权区块链网络的公共安全大数据资源管理体系研究[J].情报理论与实践,
2019,42(8):110 - 115 + 77.

[23] 桂维民.建城市大脑让智慧城市更安全[J].中国应急管理,2020(4):39-41.

[24] 斯雪明,徐蜜雪,苑超.区块链安全研究综述[J].密码学报,2018,5(5):458-469.

[25] 角浩钺.面向区块链技术应用的安全研究[J].无线互联科技,2018,15(19):140-141.

[26] 康立.区块链将与人工智能、物联网、云计算技术形成互补[N].现代物流报,2020-11-02(A02).

[27] 辛嘉伟.基于区块链的物联网安全技术研究[D].成都:电子科技大学,2020.

[28] 孙志国.区块链、物联网与智慧农业[J].农业展望,2017,13(12):72-74.

[29] 葛琳,季新生,江涛,等.基于区块链技术的物联网信息共享安全机制[J].计算机应用,2019,39(2):458-463.

[30] 陈云云.区块链技术驱动下的物联网安全研究综述[J].网络安全技术与应用,2020(12):34-36.

[31] 吴睿,陈金鹰,邓洪权.区块链在云计算技术领域的应用[J].现代传输,2019(5):68-70.

[32] 陈岱.基于区块链的云计算关键技术及应用方案研究[D].西安:西安电子科技大学,2018.

[33] 翁晓泳.基于区块链的云计算数据共享系统研究[J].计算机工程与应用,2021,57(3):120-124.

[34] 马宗保.面向大数据应用的区块链解决方案[J].计算机产品与流通,2020(4):133.

[35] 章宁,钟珊.基于区块链的个人隐私保护机制[J].计算机应用,2017,37(10):2787-2793.

[36] 孙保阳.区块链技术发展现状与展望[J].数字通信世界,2018(11):51.

[37] 刘曦子.区块链与人工智能技术融合发展初探[J].网络空间安全,2018,9(11):53-56.

[38] 赵赫,李晓风,占礼葵,等.基于区块链技术的采样机器人数据保护方法.华中科技大学学报(自然科学版),2015,43(增刊):216-219.

[39] 刘权.区块链与人工智能:构建智能化数字经济世界[M].北京:人民邮电出版社,2019.

[40] 中国信息通信研究院.2017中国数字经济白皮书[M].北京:北京大学出版社,2017.

[41] 何海锋,张彧通,刘元兴.升级之惑数字经济时代的新问题[J].新经济导刊,2018(10):16-21.

[42] 刘曦子.2019年中国区块链发展形势展望[J].网络空间安全,2018,10(1):31-35.

[43] 陈晓红.数字经济时代的技术融合与应用创新趋势分析[J].中南大学学报(社会科学版),2018,24(5):1-8.

[44] Milton Mueller, Karl Grindal. Data flows and the digital economy: information as a mobile factor of production [J]. Digital Policy, Regulation and Governance, 2019,21(1):71-87.

[45] 王和,周运涛.区块链技术与互联网保险[J].中国金融,2016(5):74-76.

[46] 袁勇,王飞跃.区块链技术发展现状与展望[J].自动化学报,2016,42(4):481-493.

[47] Peters G W, Panayi E, Chapelle A. Trends in crypto-currencies and blockchain technologies: A monetary theory and regulation perspective [J]. Journal of Financial Perspectives, 2015, 33:92-113.

[48] 姜鑫,王飞.区块链技术与应用综述[J].电脑与电信,2021,1(5):25-29.

[49] 邢文杰,王倩.智慧城市发展的杭州模式[J].浙江经济,2021(1):53.

[50] 石鹏展,戴欢,陈洁,等.基于区块链的智慧城市边缘设备可信管理方法研究[J].信息安全学报,2021,6(4):132-140.

[51] 王建翔,胡蔚.BIM技术在智慧城市"数字孪生"建设工程的应用初步分析[J].智能建筑与智慧城市,2021.

[52] 李冠,王璐琪,花嵘,等.基于区块链中台架构的城市应急管理协同机制研究——以突发公共卫生事件为例[J].山东科技大学学报(社会科学版),2021.

[53] 郭真,申奇,柳雨晨.新型智慧城市数据安全研究与思考[J].信息通信技术与政策,2021,47(11):20.

[54] 姚冲,甄峰,席广亮.中国智慧城市研究的进展与展望[J].人文地理,2021,36(5):15-23.

[55] 允纬付,晶张,华玲高,等.基于区块链技术未来数字货币的可行性研究[J].经济管理研究,2022,4(2):29-31.

[56] 田明昊,郑鸿斌.区块链在智慧水利建设中的应用研究[J].智能城市,2021.

[57] 周才博.基于区块链的物联网安全机制研究[J].2021.

[58] 韩镝,王文跃,李婷婷,等.后疫情时代我国智慧城市发展趋势研究 [J].信息通信技术与政策,2021,47(1):48.

[59] 王波,张伟,张敬钦.突发公共事件下智慧城市建设与城市治理转型 [J].科技导报,2021,39(5):47 - 54.

[60] 曹寅.能源区块链与能源互联网 [J].风能,2016(5):14 - 15.

[61] 亚历克斯·斯特凡尼.共享经济商业模式:重新定义商业的未来[M].郝娟娟,杨源,张敏,译.北京:中国人民大学出版社,2016:1

[62] 刘德生,葛建平,董宜斌.浅议区块链技术在图书著作权保护和交易中的应用 [J].科技与出版,2017(6):76 - 79.

[63] 郑志平.美国互联网治理机制及启示 [J].理论视野,2016(3):63 - 66.

[64] 肖叶飞.数字时代的版权贸易与版权保护 [J].文化产业研究,2015(1):196 - 209.

[65] 支振锋.互联网全球治理的法治之道 [J].法制与社会,2017(1):91 - 105.

[66] 陈一稀.区块链技术的"不可能三角"及需要注意的问题研究 [J].浙江金融,2016(2):17 - 20.

[67] 周平.中国区块链技术和应用发展白皮书[R].北京:中国区块链技术和产业发展论坛,2016:36 - 37.

[68] CSCS's Drug Supply Chain Security Act and Blockchain white paper, op. cit., 2018.

[69] DJ Skiba. The potential of Blockchain in education and health care [J]. Nurs. Educ. Perspect, 2017,38(4): 220 - 221.

[70] A Pieroni, N Scarpato, M Brilli. Industry 4.0 revolution in autonomous and connected vehicle a non-conventional approach to manage big data [J]. Appl. Inf. Technol., vol. 96, no. 1, 2018.

[71] Ismagilova E, Hughes L, Dwivedi Y K, etc. Smart cities: Advances in research — An information systems perspective [J]. International Journal of Information Management, 2019, 47: 88 - 100.

[72] Deloitte.com. Blockchain technology in India [M]. 2019.

[73] Dobrovnik M, Herold D, Fürst E, etc. Blockchain for and in logistics: What to adopt and where to start [J]. Logistics, 2018,2(3):18.

[74] Duan Y, Edwards J S, Dwivedi Y K. Artificial intelligence for decision making in the era of Big Data-evolution, challenges and research agenda [J]. International Journal of Information Management, 2019,48:63 - 71.

[75] Forester. The blockchain revolution will have to wait a little longer [DB/OL]. 2018.

[76] Fosso Wamba S. Continuance intention in blockchain-enabled supply chain applications: modelling the moderating effect of supply chain stakeholders trust [J]. European, Mediterranean, and Middle Eastern Conference on Information Systems, 2018:38 - 43.

[77] Fosso Wamba, S., Kamdjoug, K., Robert, J., Bawack, R., & Keogh, G. J. Bitcoin, Blockchain, and FinTech: A systematic review and case studies in the supply chain [J]. Production Planning and Control Forthcoming, 2018.

[78] Erturk E, Lopez D, Yu W. Acceptance of Blockchain in Smart City Governance from the User Perspective [M]. CRC Press, 2021.

[79] Blockchain for Smart Cities [M]. Elsevier, 2021.

[80] Alam T. Blockchain-based big data integrity service framework for IoT devices data processing in smart cities [J]. Mindanao Journal of Science and Technology, 2021.

[81] Grover P, Kar A K, Ilavarasan P V. Blockchain for businesses: A systematic literature review [J]. Conference on E-Business, E-Services and E-Society, 2018:325 - 336.

[82] Holub M, Johnson J. Bitcoin research across disciplines [J]. The Information Society, 2018,34(2): 114 - 126.

[83] Zamani E D, Giaglis G M. With a little help from the miners: Distributed ledger technology and market disintermediation [J]. Industrial Management & Data Systems, 2018,118(3): 637 - 652.